学好九型人格 成为识人高手

[新加坡] 洪文瀚 编著

北京理工大学出版社
BEIJING INSTITUTE OF TECHNOLOGY PRESS

图书在版编目（CIP）数据

学好九型人格　成为识人高手／(新加坡)洪文瀚编著. —北京：北京理工大学出版社，2012.8

ISBN 978-7-5640-6245-3

Ⅰ. ①学…　Ⅱ. ①洪…　Ⅲ. ①人格心理学—通俗读物　Ⅳ. ①B848-49

中国版本图书馆CIP数据核字（2012）第150717号

北京市版权局著作权合同登记号　图字：01-2012-4848

出版发行／北京理工大学出版社
社　　址／北京市海淀区中关村南大街5号
邮　　编／100081
电　　话／（010）68914775（办公室）68944990（批销中心）68911084（读者服务部）
网　　址／http：//www.bitpress.com.cn
经　　销／全国各地新华书店
排　　版／博士德
印　　刷／三河市华晨印务有限公司
开　　本／670毫米×960毫米　1/16
印　　张／17.5
字　　数／300千字
版　　次／2012年8月第1版　　2012年8月第1次印刷　　责任校对／周瑞红
定　　价／32.00元　　责任印制／边心超

前言

自古以来，人们一直受着人生困惑的折磨。欲望和不同的价值观使世界人民经历了一次次灾难的洗礼。不相信自己信奉的宗教，就是魔教、异端、灾祸；不属于某种派系的人，注定要被革除、驱逐。就从那个时候开始，在四大文明古国之一的巴比伦帝国开始出现了一个教派——苏菲教派。而关于这个教派的奥秘，只有拥有灵性的教士才知晓。这个教派被视为九型人格的雏形，而直到公元1920年，一位冒险家及灵修者古捷耶夫才将它传到了欧洲，但始终没有受到普遍的关注。之后又过了40年，九型人格才开始被系统化和广泛地传播开来。20世纪70年代，九型人格被引入了美国斯坦福大学，作为工商管理硕士的必修课程。从此以后，九型人格在全球得到广泛的推广，被分别运用到了生活及工作的各个方面，那么九型人格到底是什么呢?

其实，九型人格讲的就是关于人格与人格之间的问题。所谓的人格，简单来说就是个体在遗传素质的基础上，通过与后天环境的相互作用而形成的相对稳定且独特的心理行为模式。九型人格根据人们先天的气质及后天形成的性格，将人格分成了九种。这里简单介绍一下这九种人格及其特征：

第一种完美型：重原则，不易妥协，是非分明，对自己和别人严格要求，追求完美。他们始终坚持“良工不示人以朴”的原则。

第二种助人型：渴望与别人建立良好关系，以人为本，乐于迁就他人。

第三种成就型：好胜心强，以成就来衡量自己价值的高低，是典型的工作狂。

第四种感觉型：情绪化，害怕被人拒绝，觉得别人不理解自己，我行我素。

第五种思想型：喜欢思考分析，求知欲强，但缺乏行动力，对物质生活要求不高。他们忠心耿耿而又疑虑重重。

第六种忠诚型：做事小心谨慎，不轻易相信别人，多疑虑，喜群体生活，且尽心尽力工作。

第七种活跃型：乐观，喜欢新鲜感，爱赶时髦，不喜承受压力。他们绝对是“今朝有酒今朝醉”的推崇者。

第八种领袖型：追求权力，讲求实力，不靠他人，有正义感。他们有着“挥手之间”便决胜于“千里之外”的智慧和本事。

第九种和平型：花长时间作决策，怕纷争，难于拒绝他人，祈求和谐相处。他们坚信“忍一时风平浪静，退一步海阔天空”。

在现实生活中，并不是每个人只具有一种人格，这九种人格在每个人身上都有或多或少的体现，只是比例不同而已。不同的人在面对世界、面对人生时，会有不同的看法，而这就是世界观、人生观，同样也体现为人格。然而，人格往往决定了人们具体的行为、语言以及与他人交流的方式。下面有一个故事，讲述了不同人格倾向的人在面对同一件事与同一身份的人所持有的不同观念。

一天，同事10人一同去参加一个宴会，当他们走到宴会厅入口时，其中一位女士被一处凸起的路面绊倒了。就这件事情，各个类型的人做出了不同的反应。

完美型的人说：“咦，路面不应该是平坦的吗？怎么会有凸起的地方，真是不可原谅！”

助人型的人说：“哎哟，没事吧？让我扶你起来吧！”

成就型的人说：“大家不要慌，由我来处理这件事情吧，首先看看是不是伤得很重。”

感觉型的人说：“我也有类似的经历，事后要躺在床上两个星期！”

思想型的人说："同一件事，不同人竟然有这么多不同的反应，值得研究！"

忠诚型的人说："你怎么样了？有没有吓到？看来我们不能参加宴会了，怎么办？"

活跃型的人说："落地开花呀！喂，朋友，不要赖在地上了，大笑一下就好了！"

领袖型的人说："我要向路政署投诉，要求他们即刻维修路面。"

和平型的人说："各位少安毋躁，放心啦！没大碍的！这只是偶然啦！"

摔倒在地的同事在下面偷着乐，她发现人与人之间的矛盾及困惑都是由人的人格造成的！

其实在现实生活中，九型人格可以指导大家对自我以及他人的认识。本书将分为两部分来向大家介绍关于九型人格的相关知识，第一部分仅为第一章，让大家在认识九种人格之前先做个热身，加深对九型人格独特魅力的认识；而第二部分则用九章的篇幅来向大家详细介绍每种人格的特征，让人们在具体的事例中结合自身的经历来学习。

可以说，九型人格是剖析每个人看待世界的"有色眼镜"，是透视灵魂深处的原动力，它从理论到实践，从简单到复杂，一一诠释着性格的千变万化。它就是人与人之间沟通的圣经，是在生活与工作中的读心术。

无论是孜孜不倦的白领，还是苦恼于人生选择的有志青年，你们都需要一本九型人格，九型人格将会为大家提供不一样的选择。相信从拿起这本书开始，大家的人生将会发生奇迹般的转变。

目录

第一章 发现你的性格类型

——揭开九型人格的神秘面纱

第二章 看透完美主义者的心理弱点

——追求满分固然没错，但是却错过了沿途的风景

第三章　读懂全爱型利他主义者的心理特性

——我的快乐其实很简单

第四章　一眼看穿成就型实干主义者的心理特征

——我若没有成就，就没有人会爱我

第五章　洞悉艺术型悲情浪漫主义者的内心世界

——拥有和别人不同的人生是终极目标

第八章　识别活跃型自由享乐主义者的性格类型

——追求现在，未来会过去的

第九章　解读领袖型性格的心理特性

——驾驭别人才能体现价值

第十章　揭开和平型、和谐型调停者的心理特征

——世界本应充满和谐与美好

第一章

发现你的性格类型——揭开九型人格的神秘面纱

九型人格对很多人来讲似乎被蒙上了一层神秘的面纱，其实九型人格只是将抽象的人格概念具体化、形象化了。这种方式有助于人们跳出以往认识自我的思维定式，也可以用变幻的视觉感受多彩的人格世界。而九型人格对现代人的最大价值就在于，人们在承认自己性格多样性的同时，可以认清自己的主要人格倾向，找到自己的人生发展目标；另外，在人际交往中，人们可以通过判定对方的人格倾向来识别他人的内心，这对于人脉的形成，以及减少与他人的冲突有着重要的意义。本章就是要让大家认真对待九型人格，对其根本进行深入了解，尤其要避免进入认识自己的误区，即巴纳姆效应，最后使人们后悔不已。在对九型人格有了这一层的深入理解，并且知道在学习过程中应该遵循的原则之后，人们就可以开始进入对九型人格的实践探索了。

1

九型人格：认识自己、理解他人的金钥匙

正所谓“性格决定命运”，人们拥有什么样的性格就会有什么样的命运。在日常生活中有些人总是说：“我现在悲惨的命运就是我自己的性格造成的，我认命了。”然而事实上，命运的悲惨真的是性格造成的吗？而人们又真的了解自己的性格吗？“认命”是不是自己的一种逃避方式呢？对于这些问题，很少有人去思考，因为在人们的心里，已经认定了自己的性格，他们已经习惯用个人的主观思维、好恶和偏见来对待自己与他人及世界的关系。

其实所有令人迷惑的性格都源于人们自身的人格类型。人格类型才是人们所思所想和所作所为的根源，而九型人格则全方位地涵盖了人们所展现的所有行为和思想。它运用科学、实际的划分方法，将人们的人格分成了彼此相关而又相异的九大类型：完美主义者、给予者、实干主义者、浪漫主义者、观察者、怀疑论者、享乐主义者、保护者、调停者。无论是哪种性格的人都能在这九种人格类型中找到属于自己的位置。

从此，人格开始变成人们的朋友，它能够拉近人与人之间的距离，能够促成人们的事业成功，更能处理好人们之间的关系，所以它被看成是人们认识自己和理解他人的金钥匙。现在，九型人格已被广泛应用于美国中央情报局、美国电话电报公司、苹果、惠普、可口可乐、宝洁等政府机构及世界500强企业的运营及高级管理培训当中，

并成为斯坦福大学商学院的必修课程。

九型人格之所以重要，不只因为它是一种科学的性格分析工具，更因为它是一种能够使人们提高自我意识，看清人与人之间交流沟通的利器，可以帮助人们提高自我修养、改善人际关系。九型人格与其他的人格分类不同，如荣格根据人们外在的感觉与态度将人格分为六类；印度医学将人格分为三类；而中国的相学根据人的外在也将人格分为六类；更夸张的是，西洋占星术竟将其分为了100种以上。这些人格分类是人类多年来智慧的结晶，对于人们能够认识彼此都有值得参考的地方。

而在上述这些分类的基础上，九型人格揭示了人们各种人格内在的最深层的价值观和注意力焦点，这些方面在一般情况下不会受人们所处环境的变化、外在行为变化的影响，它是一个人存在的最本质的东西。了解这些，可以帮助人们深入地认识自己的内在，从而能够正视自己的短处，发挥自己的长处；另外，还可以让人们认识到除了自己以外其他人的各种性格，承认每个性格存在的合理性，不再因为无法理解其他人的性格而烦恼，进而更和谐、融洽地与他人交往沟通。

九型人格之所以使人们认识自己、理解他人，是因为它能够从人们表面的行为、面部的喜怒哀乐来判断人们的内在人格特点。人类是十分复杂的动物，同一种行为，有可能仅仅因为他们的内在人格不同，就会使他们的态度及驱使这种行为的动力千差万别。这时，对方对其所采取的态度就要谨慎行之。如同样是愿意帮助别人的给予者和保护者，人们对他们就要区别对待。给予者一般帮助了别人是不求回报的，他们在帮助别人的过程中享受的是一种幸福的、精神层面的感觉；而保护者则是因为他们要以这种行动来表示他们的强大，及享受那种高高在上的成就感，他们总是以领袖的姿态出现。因此对于这两种人，人们都要真诚地接受他们的帮助。不同的是，人们对保护者类型的人要表现出更多的依赖性，否则他们会感到懊恼，甚至是暴怒。

由此可见，每个人的行为、情绪都是由存在于人内心的人格来驱动的。对此，九型人格分析了为什么有些人不断地勇往直前，而有些人则安于现状，原地踏步；为什么有人沉默寡言埋头书海，而有人喜欢热闹、喜欢成为人们的焦点；又为什么有些人总是悲观、前思后想，另一些人却乐观向上。九型人格能够从深层次让人们了解性格的使命，以及是什么驱动了人们采取不同的行为和表现不同的情绪。

首先，九型人格能够使人认识自己。一个人如果遇到了苦恼、麻烦，如事业道路上出现了障碍、人际关系出现了矛盾等，人们或许能够通过一些行为、态度上的调整暂时解决这些问题。而人们要想从根本上解决这些问题，就要认识到自己的本性，走上属于自己的人生。在了解了九型人格之后，人们就会知道自己的发展方向，知道自己的人格局限在哪儿，只有认清了这些，人们才能有意识地做到突破，得到更高的发展和真正的成长。

Helen是一个追求完美的人，她一直被自责的想法折磨着。尽管她喜欢自己作为一名教育工作者的职业，但是她经常感觉到让自己难以承受的压力，时常怀疑自己的选择。无论她把工作做得多么井井有条，还是有更多的工作堆积起来。有一天她很郑重地反省自己，对自己说："我对自己的工作应该是喜欢的，但是我过得很辛苦这也是事实。那我到底该怎么办呢？"她无法理解是什么使自己处于这种境况中。

这样的情况维持了一个月，Helen无法忍受这样的情况，她开始努力寻找原因。她通过九型人格参透了自己的人格，她明白之前自己繁重的工作，总是关注别人对自己的想法，及拼命想要超越别人等都是一种想要达成完美的体现。根据九型人格分析，像她这种追求完美的人应该认清这个世界根本不存在所谓的完美，这种人应该在追求事业上量力而行，这样才会做出真正的成绩，生活得更加快乐。据此，Helen总结出一个事实：正是因为自己过于严肃地肩负责任，以至于忽视了保持生活中的平衡。发现这一点后，她开始为自己减压，换一种方式追求完美，那就是要在生活中构造快乐、乐趣和轻松。Helen通过对九型人格的学习，认识了自己，也使自己生活得更加快乐。

其次，九型人格也能帮助人们理解他人。在人与人的交往中，会出现各种问题，类似于街头闹事、同事间互相敌视、好朋友间背道而驰、离婚率上升等各种现象，这些情况都是由于人们之间互相不理解，想要将自己的观点强加给别人，或者是拿别人的错误来惩罚自己而造成的一幕幕悲惨的结局。九型人格可以使领导了解不同性格的人在不同的工作环境中的表现及需要，从而采取适当而有效的领导方式，使得激励得法、指导有方、说话有力、形象鲜明，进而提升沟通水平及人际关系，促进团队的发展。了解九型人格还可以促进企业中各个层次的沟通。对于同事之间的关系，它起到了润滑剂的作用，从而减少同事之间的摩擦，促进彼此之间的合作，达到与企业共同进步的目的；而在朋友之间，彼此可以接纳对方的性格，理解对方的想法，在交往中趋利避害、避免冲突，从而促进社会的和谐发展。在父母和孩子之间，九型人格可以帮助他们解决代沟的问题，消除父母与孩子沟通的障碍，从而使孩子更加健康地成长，让家庭更加和睦、幸福。

小贴士

九型人格是人们生活中不可缺少的一门学说，它是应用心理学的一种。它虽将人格分成了九种类型，但是人们要清楚性格没有好坏之分，只是人们的世界观、价值观的出发点不同而已。九型人格研究人员米歇尔研究九型人格多年，他希望通过对各种人格的详尽描述，使人们逐步认识自己和理解他人，可以说九型人格是走近自己和走入他人世界的金钥匙。

2 巴纳姆效应：你真的认识自己吗？

在人的一生当中，能够充分地认识自己是非常重要的。因为人的每个思想、每种行为都将决定自己的人生，影响自己的命运。事实上，早在2000多年前的古希腊时期，著名的哲学家苏格拉底就曾喊出："人啊，认识你自己！"而古希腊人也将"认识你自己"作为铭文刻在了阿波罗神庙的门柱上。在我国古代老子的《道德经》第三十三章中也提到过："知人者智，自知者明，胜任者有利，自胜者强。"显然，对认识自己这个问题，东西方都持有同样的观点。

而如今，很多人也意识到了认识自己的重要性。在选择职业时，人们越来越重视选择适合自己个性的工作，人们不再单纯受到利益的驱使，而是兼顾人生的快乐、梦想的实现；在婚恋家庭中，青年男女也开始学习认识自己，寻觅与自己更加默契的伴侣。因此，星座、生肖等各种认识自己的工具方法开始层出不穷，让人们眼花缭乱。可是在不停地测试与研究中，人们是否真的认识了自己？而这些测试对人的发展又是否起到了作用呢？

事实上，巴纳姆效应告诉大家，通过这些渠道人们并没有真正地认识自己。巴纳姆效应是心理学家伯伦特·福勒于1948年通过试验发现的，他说："每个人都很容易相信一个笼统且一般性的人格描述特别适合他。即使这种描述十分空洞，他仍然认为反映了自己的人格面貌。"而这个效应的命名则是来源于在20世纪50年代在美国广受欢迎的著名魔术师菲尼亚斯·泰勒·巴纳姆的名字。他曾经评价自己的表演："我的节目之所以受欢迎，是因为节目中包含了每个人都喜欢的成分，所以每一分钟都有人上当受骗。"这说明很多人都在不经意间用自己的主观意识认识自己，长此以往，人们还是未能拨开云雾，看清自己。

众所周知，爱因斯坦能够成为美国著名的物理学家、现代物理学的奠基人，与他的勤奋和智慧是分不开的，然而这一切更离不开他对自我认识的改变。爱因斯坦小时候是一个十分贪玩的孩子，随着时间的流逝，母亲对这样的他感到惶惶不安，但母亲又不知道怎么使爱因斯坦认识过错从而改变自己。而爱因斯坦的真正转变是在他16岁时，那是一个秋天的上午，父亲拦住正要去河边钓鱼的爱因斯坦，并给他讲了个故事。然而，就是这样的一个小故事改变了爱因斯坦的人生方向。

父亲说："昨天我和咱们的邻居杰克大叔去清扫南边的一个大烟囱，那烟囱只有踩着里面的钢筋踏梯才能上去。你杰克大叔在前面，我在后面。我们抓着扶手一阶一阶地爬上去了，下来时，你杰克大叔依旧走在前面，我还是跟在后面。后来，钻出烟囱，我们发现了一件奇怪的事情——你杰克大叔的后背和脸上都是黑灰，而我身上竟连一点烟灰也没有。"

此时，小爱因斯坦打断父亲的话，兴奋地说："爸爸，你身上没有，但你的脸上一定有灰吧？"

父亲摸了摸爱因斯坦的头继续微笑着说："是的，我也是这么想的，我看到你杰克大叔的模样，心想我一定和他一样，脸脏得像个小丑，于是我就到附近的小河里去洗了又洗。而你杰克大叔呢，他看我钻出烟囱时干干净净的，就以为他也和我一样干干净净的，只草草地洗了洗手就上街了。结果街上的人都笑破了肚子，还以为你杰克大叔是个疯子呢。"

听到这里，爱因斯坦忍不住大笑起来。可是这时，父亲突然严肃起来，他对爱因斯坦说：“其实别人谁也不能做你的镜子，只有自己才是自己的镜子。拿别人做镜子，白痴或许会把自己照成天才。”

的确如此，从爱因斯坦的故事中，人们不禁会想起发生在我们身边的小故事。如刚用完餐时，我们会看看对方的嘴巴有没有被弄脏，如果是脏的我们也会不自觉地检视自己；如果对方是干净的，我们就感觉自己也是干净的。在人生的发展道路上，人们也总喜欢找一些参照物，这样一来，人们就会随着外界参照物的变化而变化了。人们在认识自己的时候一定要防止巴纳姆效应，也就是不能轻易受到外界事物的心理暗示，不能认为那些笼统的、一般性的性格描述就是自己的。

例如，有一段对一个人的人格描述是这样写的：你很需要别人喜欢并尊重你。你有自我批判的倾向。你有许多可以成为你优势的能力没有发挥出来，同时你也有一些缺点，不过你一般可以克服它们。你与异性交往有些困难，尽管外表上显得很从容，但是内心却焦躁不安。你有时怀疑自己所做的决定或所做的事是否正确。你喜欢生活有些变化，厌恶受别人限制。你以自己能独立思考而自豪，别人的建议如果没有充分的证据你不会接受。你认为在别人面前过于坦率地表露自己是不明智的。你有时外向、亲切、好交际，而有时则内向、谨慎、沉默。你的抱负与理想往往很不现实。

上面所描述的，其实是一顶套在谁头上都合适的帽子。每个人都会觉得这种描述好适合自己啊，其实这就是人的一种心理暗示。而很多占星术都是利用了人的这种心理，即巴纳姆效应来达到欺骗人的目的。他们经常用一些笼统的、无关痛痒的话来影响人们的心理，如“你这个人非常有前途，只要你能够克服弱点，坚持一下就能成功”等。而他们是否能够成功则是靠概率了，他们总会有50%的胜算，所以才出现了有时算得准有时算得不准的说法。

由此看来，人们在认识自我的过程中，就要极力避免巴纳姆效应，如果我们的参照物选对了，或许对我们认识自己有积极影响，但若是得到了错误的暗示，则会使人们后悔莫及。所以人们在认识自我的过程中一定要选择正确的方式，其中要坚持以下几项原则：

第一，要坚持面对自己。无论是哪种人格都必须要面对自己，这是认识自己的开始。逃避自己就会离自己越来越远，如有很多人因为不自信而将自己隐藏起来，从来不敢正视自己，所以在掩盖缺点的同时，也一起葬送了自己的优点。

第二，要做到事事多观察。即要拥有敏锐的观察力，学会从多个人眼中看到自己。一般来说，一个人的看法可能只代表了个人的情感因素，但是多数人的看法则比较客观。而且人们通过高深的洞察力也会根据实际情况对自己做出中肯的评价。

第三，与别人比较的时候，做到客观。要选择条件与自己相当的人，如果选人格反差很大的人，那只能是自讨苦吃。

第四，要做到经常反省，在事业的成功与失败间找到自己的优势与不足。

另外，认识自己一定不能离开对九型人格的学习，因为人们的各种内在本质，及行为倾向都已涵盖其中。通过上一节的描述，人们已经认识了关于九型人格对认识自我的必要性。那么同样在九型人格学习中，人们一样要避免巴纳姆效应。当然，只要人们能够认清九型人格的实践方式，就不会走进“认识自己”的怪圈。

通过九型人格，人们能够认清自己的基本人格。而一个人的基本人格类型是不会变的，即使在现实生活中，因为各种环境的变化而使你的基本人格形态产生某些方面的隐藏和调整，但是在本质上是不会变的。当然，因为每个人的成长环境的不同，所以人们的个性存在一定差别。即使基本性格相同的两个人，在面对许多问题时，也会有自己独特的处理方式。

小贴士

总之，九型人格是十分复杂的，而人性更是复杂的。所以认识自我是一个循序渐进的过程，既不能因为几个简单的测试就认为完全了解自己，也不能因为对某件事的态度看透自己，它是需要在认识人类本性的过程中，找到属于自己的人格，最终达到改善自己的目的。

3

“镜”面反射：多角度探索九型人格

第一章开篇就讲过“性格决定命运”，既然如此，人们为什么还要认识和学习有关性格方面的知识呢？因为也有人讲过“命运掌握在自己手里”。那么通常命运是如何由自己掌握的呢？实际上，人们能够改变自己的命运，是因为在人们的成长过程中，那些善于通过自省改变自己的人在不经意间改变了自己的性格，从而改变了自己的命运，所以“性格决定命运”这句话并没有什么错。**人的命运之所以会发生变化，那是因为人的人格是可以改变的。世界上永恒不变的其实就是个“变”**。相信变化，相信“世上无难事，只怕有心人”，只要人们拥有健康的人格，坚持信念，就不会惧怕什么，并且会在漫长的人生之路上创造奇迹。在改变自己的道路上，九型人格的多角度分析会成为人们拥有健康人格的得力助手。

九型人格虽然介绍了人类的九种人格，但是并不是说每个人都可能拥有标准的哪一种人格，每个人都是独特的个体。实际上，全球有60亿人，即使把他们分成100类或者1000类也是不够的，因为人与人之间绝不会相同，就算是孪生子之间也绝不会相同，有人可能在外表上无法分辨他们，但是只要与他们接触一段时间，或者了解他们的人就会发现，他们的个性是不完全相同的。对于他们的差异，九型人格也进行了研究。现代心理学家班都拉认为，无论是人格的整体结构，还是代表人格的某方面特质，都是在遗传与环境因素的交互作用下逐渐形成和发展的。在人类来到这个世界的最初阶段时，人格大部分是靠遗传获得的。人格作为人的生理基础，在今后的成长过程中，基本是不会改变的，只能受到其他环境因素的影响，这种通过遗传而形成的人格，在心理学上被称为气质。而在后期形成的人格，才是人们通常所说的性格，就像一句谚语所说的，“播种一种行为，收获一种习惯；播种一种习惯，收获一种性格；播种一种性格，收获一种人生”。人们的性格在后天是可以改变的，但是气质会跟随人的一生。就像刚才提到的孪生子，他们的生长环境虽然大致相同，但是由于气质不同，导致了他们的整体人格在今后的成长中也会大相径庭。

由以上分析可知，气质的不同，再加上复杂的环境影响，使每一种人对世界的看法也不尽相同，也就是在不同人之间的世界观、人生观、价值观都有很大的差异，这也是世界多样性的表现。正是由于这种差异，使人们一般情况下只能了解自己的想法，甚至有些人认为所有人的性格都应该与他相同，无法认同别人的看法。人们也总是习惯于站在自己的角度，用自己的价值观评判他人的思想。如果每个人都是这种想法，那么就造成了人与人之间的矛盾与冲突。九型人格强调的是让每个人走出自我的固有思维，改变观念，从不同的角度出发，从实践出发，帮助人们加深对自己和他人的认识，使人们能够透过各种性格类型读懂他人的内心，了解他们行动背后的动机，这样人们就容易站在对方的角度上，为他人设身处地地着想。从此，人们就会对这个世界有一个新的认识，不会对不同性格的人产生任何偏见。

具体来说，九型人格中的每一种人格类型都是代表着一种行为倾向，每个人可能同时拥有多种倾向，而其中一种倾向可能是最重要的。而这也是符合人类自身发展需要的，因为一个人要生存，不可能只具备其中一种人格类型，如果是这样，那么世间人只有九种了，并且每个人都是极端型的人格。九型人格研究人员经分析指出，在不同的环境下（正常环境、压力环境、安全环境），人们的性格倾向也有可能发生改变。例如一个人的人格倾向是浪漫型，由于在步入社会之后承受了很大压力，他有可能通过调整性格，转变观念，倾向于踏实肯干的实干主义者；也有可能对人生有了改观，承受不住压力，而倾向了享乐主义者。所以性格是不断变幻的，九型人格是一种动态的研究方式。

九型人格作为应用心理学范畴之内的人格分析系统，更加注重解决人们人格上的实际问题。人们可以通过各种“镜”面反射来多角度地探索九型人格，这里的“镜”面反射当然不是指物理学中的平行光反射，而是指人们能够通过各种“镜”来学习九型人格。具体来说，首先是运用放大镜勘察、透视所属人格类型的长处和潜能，而这些长处可能就是我们经常忽略掉的，通过放大镜人们能够看出自身的优势，让优势转化为能量，发挥出自身更大的潜力。其次，有时候人的优势可能容易被发现，并且很多人也不会吝啬自己对他人的赞美，但是对于缺陷，很多人却难以发现，这时候人们就需要显微镜，即九型人格。它会让人们发现所属人格类型中的人格缺陷，正视本身的缺陷，并且使人们敢于反思自己的短处，积极地提升自己。再次，发现自我不仅需要理论知识的帮助，还要积极地参与与别人的互动，九型人格通过凹凸镜使人们在与各种人的交流中发现自己、改善自己。最后，是九型人格望远镜的应用，它可以使人们根据崭新的自我规划未来的人生，在今后的生活中以一个健康的人格来创造新的未来。

在现实生活中，有很多年轻人在职场上拼搏，挥洒汗水，但是却没有得到预期的效果。之所以会导致这样的结果，并不是因为他们的工作有多么繁重，而是他们在精神上得了“感冒”，而这样的感冒在心理学上被称为轻度抑郁。心理学家布伦塔诺称，轻度抑郁如果维持时间过长则会造成抑郁症。那么，这种抑郁是如何产生的呢？据九型人格研究人员奥尔波特发现，职场中的人们，尤其是那些刚步入社会不久的年轻人，虽然他们的专业技能很强，又踏实肯干，但是他们与其他人交际的能力却很差，在不同性格的人面前，经常无所适从，长期以来，便造成了心理上的疾病。在刚毕业不久的小莎身上就发生了这样的事情。

小莎刚开始工作不久，就被其他同事告知，她现在所在的职位是另一个同事小麦一直想要的位置。可是，单纯的她没有多想，也不清楚这意味着什么。

“她懂什么啊，什么经验都没有，就连最简单的程序都搞不定。”

“不要理她，她不同于咱们，你不觉得她既自私又目中无人吗？”

小莎在公司一段时间后，就经常听到小麦在人前人后说这些话，她终于受不了了。也是在这时候，小莎终于了解了之前同事的告诫。原来这是小麦对自己的报复，因为在她来之前，她所做的工作都是由小麦负责的，小麦理所当然地将小莎当做了抢他位置的罪魁祸首。

于是，在工作中，小麦想方设法地恶意中伤小莎。最令小莎绝望的是，由于自己是新员工，其他同事并不了解自己，所以他们也认为是自己抢走了小麦的位置。不知不觉当中，小莎被孤立了，在公司工作的这一年里，小莎感觉自己像活在了地狱里。

这是九型人格研究中心所研究的案例，当他们采访一些人，问如果他们是案例中的小莎，他们会怎么面对这样的人际环境。

倾向于和平型的人说：“我会去找小麦，向他解释其中的利害关系，告诉他这是上司的安排，如果他愿意，可以与他交换，我还会与他成为好朋友。”

倾向于浪漫型的人说：“哦，天哪，这种情况我一定忍受不了，我根本坚持不了一年。”

享乐主义者则轻松地说：“我会用欢乐打动他们的！”

最后研究中心又找了一些人格倾向于保护者的人，他们的做法都比较理性，他们说：“我要用我的实力来证明自己，我的目标就是要成为他们的领导，我不关心其他人怎么说。”

由此可见，每种不同性格的人在人际交往中，都会有不同的处理办法。针对不同的问题，每种性格都有自己的优势和劣势，从上面的回答中可以看出，浪漫型的人在处理这种问题时就处于劣势。而在这个案例中，小莎恰恰是属于浪漫型的，但是她的性格中又含有完美者和实干主义者两种人格的某些特质，因此她为了自己的理想一直坚持着，但是她的多愁善感使她又无法忽略掉其他人对她的孤立。

对此，九型人格给出的建议是，小莎必须要面对这些问题，不能逃避，还有就是要多与其他同事主动交流。尤其不能一直用小麦的语言来伤害自己。这里就要分析一下小麦，因为在这个问题中，小麦也是一个痛苦者，当面对其他的竞争者时，他采取了自我保护的行为。九型人格建议，像小麦这样的人，应该多注意自己的行为，通过一些其他的方法证明自己，只要能力提高了，自然就会有一种安全感。还有就是要提到公司的上司，企业的上司应该多给予员工鼓励，让他们发现自己的长处，能够积极地工作。

小贴士

由上述描述可知，九型人格的多角度分析可以借助现实中每个人的本源气质、在后天环境下形成的性格与实际生活，让人们看到自己的优势，反省自己的短处，最终扬长避短，获得健康的人格，从而在生活和工作中如鱼得水。

4 九型人格的独特优势：每个人都有独特的成功密码

“每个人都会成功”并不是一句空话，“天生我材必有用”也不仅仅是酒后狂言，事实就是如此，无论是什么性格的人都有独特的成功密码，而这个密码就是人格，即九型人格。学习九型人格就是要让人们知道自己的性格是什么，倾向于哪方面，而人们的这种本源的气质人格就将直接影响人生的成功与否。人们无须为自己拥有的人格而懊恼，因为每一种人格都有独特的成功密码。

九型人格研究人员卡特尔强调，要想找到自己的成功密码，就要从自己灵魂深处的气质人格出发。但是现实生活中有很多人戴着有色眼镜看待各种人格，有的人甚至将人格分成了三六九等。因此，有很多人无法真正地认识自己。有的人无限放大自己的优势，好高骛远；而有的人只盯着自己的性格缺陷，裹足不前。有些人还完全混淆了气质和后天环境下形成的性格，妄图改变气质，去做那些自己根本不可能做到的事情，致使自己狼狈不堪。下面的寓言故事就说明了一个人想要改变自己的根本人格是很愚蠢的事情。

有个人家里养了一头驴和一只哈巴狗。驴子每天都要在磨坊里拉磨，到树林里背木材，工作非常繁重。哈巴狗则不然，它会演许多小把戏，非常讨主人的欢心，因此每次都能得到好吃的作为奖励。

工作之余，驴子总抱怨命运对自己太不公平。终于有一天机会来了，驴子突然挣脱缰绳。它跑进主人的房间，学哈巴狗那样围着主人跳舞，它又蹦又踢，不仅撞翻了桌子，还把很多碟碗撞得粉碎。不仅如此，驴子居然还爬到主人身上去舔他的脸。主人吓得半死，赶忙呼救，邻居闻声而来，驴子以为得到的将是奖赏，不想却招来了杀身之祸。

寓言故事里的驴子无论怎样努力表演，都不及小狗可爱，甚至把事情弄得一团糟。所以一个人是无法改变自己的本性的，每个人能做的只是找到适合自己性格的人生事业。不过还有很多人总是认为自己的性格什么都干不成，只能潦倒一生。特别是那些有着懦弱、抑郁、沉默寡言之类性格的人更会感到十分痛苦，从而陷入自卑的深渊。其实，一个人的成功有可能是从童年开始的，然而，许多父母不明白每一种性格都能成功的道理，每天耳提面命地教育孩子做他们不擅长做的事，甚至还要逼他们改变性格。由于父母长期的打压，使孩子们失去了发挥天赋的机会，长大以后也容易造成扭曲的性格。事实上，无论怎样的环境都是无法掩盖人们的天性的。

九型人格强调，既然上天赋予了你一定的人格，它就会为你找到适合的事业。下面这个故事就说明了人的性格是怎样促使事业成功的。这个故事激励了很多人，也为那些寻觅人生目标的人提供了导航。这个故事发生在19世纪末的捷克。

在一个寒冷的冬季，一个男孩降生在布拉格一个贫穷的犹太人家里。随着男孩一天天长大，人们发现他虽然是一个男孩，但却没有一点男子气概。他的性格十分内向，也非常敏感多虑，再加上父亲暴躁的脾气，他总觉得周围的环境对他产生了压迫和威胁。久而久之，懦弱使他无法面对他人，防范和躲避的心理在他心中根深蒂固，甚至无可救药。而男孩的父亲则以强硬的态度教育他，希望他成为一个坚强不屈、刚毅勇敢的人。在父亲法西斯式的教育下，他更加怯懦了，以至于他的内心变得十分脆弱，似乎周围有一点的风吹草动都会伤害到他。他常常独自躲在角落里，害怕有什么灾难降临到他的身上。

或许看到他这样子，任何人都会说“这样的孩子，今生算是没希望了”。是的，或许小男孩自己也曾彷徨过。当时的奥地利正处在战火当中，他想去当兵冲锋陷阵，却很不现实，因为他胆小懦弱，只能成为别人的负累；那么他去从政呢，那必然是自讨苦吃，周旋于众多的政治要员中，那是一种痴想；好吧，那就去做个律师，在今后的学习中他确实学习了法律，但是要在法庭上像斗鸡一样据理力争，他根本就做不到。那么，他到底要做什么呢？难道懦弱、内向的性格真的就注定是一场悲剧了吗？不会的，上帝早就给他安排好了人生出路——上帝让他成为了世界上伟大著名的文学家，他就是卡夫卡。

在现实生活中，太多像卡夫卡这样性格的人走上了失败的道路，为什么命运会如此不同呢？其实原因很简单，那就是卡夫卡找到了适合自己人格的事业。**九型人格分析，内向、懦弱的人是属于精神、自我、思想类型的人，他们更注重内心的感受。观察周围的世界，他们能够敏锐地感受到别人无法体会到的东西。他们是外部世界的懦夫，却是精神世界的国王。**卡夫卡正是认清了自己，选择了精神世界，因此他能够在艺术文学王国里纵横驰骋。在这个精神家园里，他的懦弱、悲观、消极等性格特点，反倒使他对世界、生活、人生、命运，有了更尖锐、更敏感、更深刻的认识。他以自己在生活中受到的压抑、苦闷为题材，开创了一个文学史上全新的艺术流派——意识流。卡夫卡给人类留下了许多不朽的精神佳作——《变形记》、《城堡》、《审判》、《美国》等。

事实上，没有人不希望自己拥有成功的人生，包括像卡夫卡这样性格懦弱的人。或许人们会认为卡夫卡是一个偶然。其实不然，卡夫卡正是由于抓住了自己的人格特点才取得了成功。也就是说，如果人们能够看清自己的人格，那么成功就不是偶然。在现实生活中，人们总是盲目地选择职业，很多人因为工作不顺，人生没有方向而茫然失措，甚至是抑郁。可以说，错误的选择会使人们变得更加糟糕，而如此颓废的情绪也会导致人生的失败。因此人们要学着认真对待自己的人生，找到属于自己的人生舞台。

或许有些人说：“我知道我这个性格适合干什么，但是当我真正去做的时候，却又发现困难重重，所以又怀疑自己是不是真的适合。”前面提到过，人的人格无法改变，但是，人们在后天形成的一些性格却是可以改变的。当有些后天形成的性格阻碍事业的发展时，人们是可以通过改变行为习惯来调整的。所以人们找好方向却遇到了阻碍是正常现象，当人们真正地沉浸到自己的事业中，或者改变一些后天形成的性格时，这些阻碍就会消失。

例如，琳达从小的梦想就是当演员，继而进入好莱坞。她热爱表演，酷爱艺术，可是当她上台表演时，却很怯懦，感觉自信心不足。此时，或许有人会说表演就是要敢于面对大众，如果害怕生人，她就不适合在演艺圈发展。但结果并不是这样的，琳达的天性适合做表演，而演员的根本也是表演，那么她选择的这条路就是完全正确的。问题出现在她后天形成的性格上，即自信心不足、害怕生人，只要琳达多做练习，就一定会改变的。

通过这个事例，人们应该清楚人格中哪些性格是可以改变的，哪些是天生不可改变的，这样才能避免在梦想面前退缩不前。九型人格研究中心经过研究发现，有些人放弃某项职业的原因居然是因为他们嫉妒、自卑、懒惰等性格特点。这些可以说是人性的缺点，是人们在实现理想的道路上必须避免的。

世界上没有十全十美的人格，而一个人也无法做到十全十美。因此，九型人格中的每一人格都是一种极端，每一种人格除了有本源的倾向之外，都会有一些边缘性格。这些边缘性格就是人们后天所形成的，例如人格中的给予者，他们会在人格发展中变得多加考虑别人的想法；而享乐主义者会控制自己的浮躁性；浪漫主义者则会控制自己多考虑现实等。总之，九型人格可以为每个人找到成功的密码，关键就在于人们是否愿意开启走向成功的大门。

5

跳出局限，挖掘深层次的九型人格特征

在学习九型人格的过程中，很多人都试图快速找到自己属于哪种性格，认为自己的个性更加符合哪一类型自己就是什么人格类型。但由于人们看待事物的时候大都从自己以往的经验及主观意识出发，而每个人所接受的教育及周围的环境都不同，所以这就难免会使人们在学习九型人格时产生偏差。因此，在真正学习九型人格之前，必须要深层次地了解九型人格的特征。

人们在学习九型人格，包括了解它的深层次理论之前，必须要明确几点原则。一是，切忌在未能完全透彻地了解九型人格之前随意地认为自己就是哪种人格；二是，除了自身之外，不要给他人随意地贴上某一种人格类型的标签，永远要记得，他是一个复杂的人，不是一种人格类型；三是，不要试图教条地将理论用于现实的人际交往或者工作中，因为社会是动态的，九型人格也是动态的；四是，很多人未能真正地认清学习人格类型的本质，将人格类型作为自己行为的借口，如有些人理所当然地认为自己命令别人是应该的，甚至有些人将人格类型作为嫉妒、自私的借口，这些观念是完全错误的。

实际上，九型人格将人格分成九种类型，并不是随意地按照现实中人们的各种外在性格区分的。**九型人格根据人们灵魂深处的原动力，从人们的情感倾向出发将人们的动力分成三类，分别是思想中心、情感中心和行动中心。**

思想中心：这是一类以脑部为中心的人，他们永远依赖思想来回应事件，喜欢收集资料、讲道理，他们经常进行自我思考和反省，不是活在安全感中就是活在焦虑中，他们容易回忆过去，过去的情景将决定他们的情绪状态。这一类人的人格倾向于第五种人格类型观察者、第六种人格类型怀疑论者及第七种人格类型享乐主义者。

情感中心：这是一类把心放在第一位的人，他们遇人、遇事的直接反应是源于情绪、感觉和感情。确切地说，无论是痛苦、喜悦，他们的心是第一个感受到的，痛苦的时候会有锥心之痛，而开心的时候则会心花怒放。总之，这类人的感情非常细腻且浓烈。他们渴望与人进行心灵上的沟通，希望得到别人的理解，同时他们也能第一时间感受到他人心理上的需求。他们是三个中心中感情最丰富的，多愁善感、儿女情长在他们身上时常发生。在九型人格中，这些人的人格主要倾向于第二种给予者、第三种实干主义者及第四种浪漫主义者。

行动中心：与情感和思想中心不同，行动是以腹部为中心的，他们是最不会空想、最脚踏实地、最在乎生存问题的人。在现实生活中，他们关心切合实际的东西，即那些实实在在看得见、摸得着的东西。由于他们在行动上从来不会反复思量、关注内心感受，因此他们办事的效率非常高。他们注重解决事务，因此他们有很高的智商，通常是这个世界硬件的制造者。这类人在九型人格中主要倾向于第一种完美型、第八种保护型及第九种和平型。

九型人格中的原动力、人格提升和边缘性格其实是以弗洛伊德的三我人格理论为基础的。九型人格的原动力最初来源于婴儿时期所展现的九种气质，包括活跃程度、规律性、主动性、适应性、感兴趣的范围、反应的强度、心境的素质、分心程度、专注力范围及持久性。这九种气质取决于遗传因素，是在婴儿未能认识世界之前本能的反应，即弗洛伊德人格理论中的本我。在弗洛伊德的理论中描述中，本我是人格机构中最原始的部分，从出生日起就开始存在。而这种需求在这个时期是直接的，不受任何环境影响的，只要个体需要，就要立刻得到满足。例如，婴儿感到饥饿时就立刻要求喂奶，绝不考虑母亲是否有困难。而在此时，不同气质的婴儿就会有不同的反应。如，有些婴儿会大哭大闹，直到达成目的；而有些婴儿则会在没人理会之后停止哭闹，并且注意力容易被转移。婴儿长大到幼儿，他们身上的行为、情绪也会有所不同，例如，有些孩子好动，喜欢玩耍；而有些孩子则话语不多，喜欢跟随大人等。上述这些婴幼儿的反应都是与生俱来的，并且深受自己个体需求的影响，而不考虑周围的环境。这就是弗洛伊德理论中提到的本我。其理论认为，本我是自我产生的基础。

自我是个体出生后，在现实环境中由本我分化发展而产生的。当本我的需求不能得到立刻满足时，他们便开始考虑各种限制条件，并学习如何在现实中获得需求的满足。从一个人的人性平衡原则来看，自我对自我的冲动和超我的管制具有调节的功能。超我，是人格结构中居于管制地位的最高部分，是个体在生活中，接受社会文化道德规范的教养而逐渐形成的。超我有两个重要的部分，一是自我理想，要求自己的行为符合自己理想的标准；二为良心，是规定自己的行为免于犯错的限制。因此，超我是人格结构中的道德部分。

自我与超我在九型人格中则代表着各种人格倾向中人们做事的基本行为以及所追求的最高理想。本我、自我和超我在个体中，是缺一不可的，自我的产生并不代表本我就要消失了，当然个体也不能脱离了本我和自我。可以说，三者相互依存，本我是人的生理本能；自我是比较现实的人；超我是理想中的人。如果有人缺失了其中某一人格，那么人格就会出现病变，如精神病、偏执狂。在九型人格的三大中心、九种类型的性格特点中含有了这三种人格的特征，因此正常现实的人不可能只是其中一种类型而不含有其他的特质。例如情感中心的人，不可能只有情感而没有理性，如果是后者人就会崩溃；而作为领袖型的行动中心的人也不可能没有丝毫感情，并且在特定环境下他们也会孤独，或者需要别人理解，也会有渴求其他人的感情。无论是哪一种性格，在每一个身上都有它们的痕迹，只是比例不同而已。

下面就通过分析著名足球健将及教父阿尔塞纳·温格平时的行为特点来看九型人格在他身上的表现。

从温格严格要求自我不断追求事业的特点来看，他的本源的性格倾向应该是完美型的人格，即他内心的动力是追求完美。

温格在自己无法继续踢足球时，他便把希望放在了年轻人身上，放在了未来上。温格的完美人格还体现在坚持原则和不易妥协上，例如，在战术打法、足球哲学方面他不会向其他人妥协。但是在行为准则上，他的人格又体现出了超我，即“以德服人”“光明磊落”。自己球员在对方受伤时打入一球，他主动承认错误并要求重赛，他承认自己球员的假摔及由此造成的对方球员的受伤，他从来不会让球员们去恶意伤害对手，显然这样的温格又倾向了主持公正的领袖型。但在这个方面他仍坚持着他的完美，他绝不容忍麾下球员的品性不佳，彭南特、本特利因为不能自律被他先后放弃。他总是反省自己是否犯了错，当球员们训练效果不好，他总是觉得是自己安排得不合理。

而温格在教导球员时，则像一个和平型的人，其态度温和内敛，像一位慈祥的老者般循循善诱。他很有耐心，对年轻球员的培养更是倾注了满腔热情。从温格的处事态度中，人们可以发现，他容忍不了瑕疵，他的很多行为都是为了追求完美。但是同时，他又有很多其他的优秀的人格特征，使他能够更好地发挥完美的特质。

作为拥有完美型人格倾向的温格，虽然他时而固执、自以为是，但是他拥有的更多其他人格的侧翼性格则帮助他解决了很多困惑。

综上所述，九型人格并不是给人们的人格套上了不变的公式，它是针对人格发展理论而做的完备且合理的人格分析。其实，每个人的性格当中都有各种人格类型的特征。由于本我和气质的不同，人们的人格会倾向于三大类型中的某一个类型。

小贴士

人性其实是非常复杂的，人们必须要清楚学习九型人格的目的，它不仅仅是要让人们弄清楚自己的人格特征，而且还为人们提供了一些方法，而这些方法能够帮助大家解决人生困惑，树立人生目标，从而使人们拥有成功的人生。

第二章

看透完美主义者的心理弱点——追求满分固然没错，但是却错过了沿途的风景

完美主义者向来自视甚高，相信任何事情都可以通过不断努力而达到尽善尽美。在他们眼中，不是对就是错，完全没有妥协退让的余地。因此，他们对自己认定的事情不容丝毫改变，并时刻对眼前的事物进行思考和批判。他们甚至会把自己的感情排除在认知之外，即使是至亲至爱的人违反了他们的信条也会受到严厉指正。由于他们信奉的是完美主义教条，无论多么优秀的表现都将被他们视为理所应当，而只要有一点点瑕疵出现，他们就会按照自己的想法进行指正甚至批评。

事实上，追求完美并没有错，只要适时调整自己的方式方法，就能够很好地达到自己预期的效果，使自己的生活更加完美。但是值得注意的是，一定不要过于追求完美而错过沿途美好的风景。

1

完美主义者的身体语言特征

加拿大著名心理学家戈登表示，优秀的人会受到大家的喜欢，不断地设定目标然后努力达成也是一件无可厚非的事情，但追求优秀和追求完美是完全不同的两个概念。按照常理来讲，达到优秀人人都可以做到，但是绝对的完美却是根本不可能的。戈登曾做出总结，他认为完美主义者大体可以分为三种情况：其一，是自己为自己设立目标，目标过高或者过于繁琐，在无法达成的情况下，他们会长时间处于一种自责和沮丧状态中。其二，是外部环境造成的压力，完美主义者认为自己必须要取得一定的成功，只有这样才能在相应的环境中得到安全感，这种人会经常性地处于焦虑和不安中。其三，是将严苛的标准推延到身边人甚至整个世界。这类人可能是因为高规格的做法而获得了一定的成功，得到某种程度的认可，于是他们觉得自己的成功模式可以复制，便强行“兜售”自己的“成功学”。然而，成功虽然一致，但通往成功的道路却绝不止一条，对于每个人来讲，适合他们的道路也必然是不同的，于是，这类完美主义者同样是在某种程度上存在病态心理的。

在现实生活中，人与人之间的交流除了语言之外还要辅以许多肢体语言，比如表情、手势、身形等。肢体语言对于交流沟通的作用可谓十分重大，它可以加强或者否定语言，甚至有时候还可以直接代替语言。著名心理学家阿尔弗雷德·阿德勒研究发现，在人们的日常交流过程中，真正的语言交流所占的时间不会超过10%，而其他时间的交流都是由肢体语言来完成的。美国著名心理学家阿耶罗经过研究惊奇地发现，当人们的语言和肢体语言表达出现矛盾时，接收者居然会选择相信肢体语言。由此可见，通过一个人的肢体语言透视其性格特点，是一个非常重要的手段和途径。下面就让我们来看一看完美主义者的肢体语言特征吧！

完美主义者的表情。完美主义者很少有随和的表情，他们严肃认真，动不动就会眉头紧锁或者怒目而视。在他们看来，事情永远可以做得更好，所以他们很少有满意的时候。一旦最终结果未能达到他们期许的目标，负面情绪就会随之而来。久而久之，完美主义者便会时刻摆出一副冷酷无情的面容。著名心理学家鲁道夫·科恩提示大家，一般人笑起来的样子都会比较好看，但完美主义者的笑容往往给人一种与五官不协调的感觉，更有甚者可能会让人感到狰狞，这正是因为他们长久不笑的缘故。而对于这一点，完美主义者自己也会有所体会，所以在有人要求他们笑的时候，即使是非常亲近的人并且出于善意，完美主义者也会婉言谢绝，或者称自己不会笑，或者称自己笑起来太难看。当然，因为他们的笑容非常珍贵，一旦有让他们满意的事情出现，完美主义者的笑容还是可以使人们领略他们异样的魅力的。

完美主义者的手势。完美主义者的手势非常简单，但却非常有力，往往会在别人脑海中留下几个清晰的动作。比如拒绝的手势，凡是向他们提出无理要求的，完美主义者为了加强自己的语言效果，都会采用同一个手势辅助表达，干净利索，绝不拖泥带水。当然，所提出的要求也许只在完美主义者的眼中是无理的，但当那个代表拒绝的手势被完美主义者摆出来后，事情已经不会再有改变。另外，他们握拳的时间会比较长。著名心理学家斯金纳观察发现，典型的完美主义者，除了辅助语言表达时摆出相应手势，其余时间他们几乎是握拳状态，无论是双手相握还是十指交叉，都是紧紧握在一起的，好似一个拳头。

完美主义者的睡姿。完美主义者的睡姿也比较特别，他们通常喜欢俯卧的姿势，并且双臂也会自然伸直，看上去就像是一只掠空飞行的燕子。著名心理学家班都拉认为，完美主义者更希望自己对这个世界有所掌控，但其顾虑也很多，所以完美主义者实际上是无法坦然面对这个世界的，尽管他们的内心可能非常强大，他们所做的事也无可挑剔。此外，俯卧睡姿同样是一种控制欲很强的外在体现，而且此类人大多比较孤单，且极富正义感，这和完美主义者的性格特点不谋而合。

完美主义者的坐姿。双腿并拢，与地面垂直，双脚踏地，腰背挺直。这通常是在面对长辈和领导，或者在进行非常正式的社会活动时才有的坐姿。但对于完美主义来说，无论在什么状态下，他们的坐姿基本上都保持这种标准。对此，心理学家斯坎特表示，完美主义者性格中最闪光的一点，就是他们对人对己要求同样严格。除此之外，正确的是非观念，客观的立场观念，往往也是完美主义者成就一番事业的有力保障。

完美主义者的站姿。双腿挺直有力，挺胸抬头，和其他性格类型不同的是，完美主义者往往比较钟情于手臂叠放在胸前的动作。因为，双臂叠放于胸前的站姿，是一种强势的防御姿势，看上去好像无所畏惧，实际上一点风吹草动都可以引起他们的慌乱，这一点也正是完美主义者的性格特点之一。

完美主义者的走姿。完美主义者的走路姿势最主要的特点就是快，他们似乎有什么事情要赶着去做，总是来去匆匆。如果仔细观察，会发现他们根本没有将注意力放在走路上，而是在全身心地思索着其他的事情。心理学家塞利格曼表示，完美主义者并不是毫无选择地关注每一件事，对于那些他们认为没有意义的事，完美主义者绝不会在上面浪费一点时间。也就是说，完美主义者的追求不仅在于细节，更在于选择。这种选择包括的大方向有人生观念、价值取向、信仰以及理想等；同时也包括具体的事物，如食物、服饰、居所环境等。这些选择一旦被他们确定，完美主义者将一如既往地在选项内进行完善和改进，而对于那些他们选择之外的东西，完美主义者会近乎排斥地不予关注，甚至否认和打压。

在进行心理课题研究的过程中，心理学家斯金纳还发现了一个十分严重的问题，即所有心理疾病患者都不会认为是自己出了问题，就像所有喝醉酒的人都认为自己没有醉一样。

鲍伯是美国加州大学的一名学生，他长时间处于精神抑郁状态，在经过多方求助无效后，鲍伯终于正视自己可能患有心理疾病的事实，于是他利用周末的时间寻求心理医生的帮助。通过诊断，心理医生很快确定了他有完美主义性格倾向。原来，鲍伯是一名非常优秀的学生，一直到上大学前，他都是家人和朋友的骄傲，鲍伯自己也一直对此深信不疑。然而进入大学后，课程开始变多，由于鲍伯想使每一科成绩都领先，所以他的精力开始显出不足，甚至体力也有些透支。一个学期以来，虽然鲍伯的综合成绩仍名列前茅，但鲍伯感觉自己再也不是稳稳领先，而是随时都可能被人超越，这使他开始变得日趋烦闷，学习成绩也有下滑迹象。因此，心理医生对症下药，针对鲍伯的具体情况予以指导。后来，经过心理医生的帮助，鲍伯终于重拾了学习的信心，投入到了更加饱满的学习中去。

小贴士

心理学家米歇尔还提示人们，过度地追求完美会使人处于一种心理病态中，而这就需要人们适当地调整自己的心态，或者寻求心理医生的帮助，以免出现更加严重的后果。

2
探寻缺陷：过于关注细节会偏离成功的轨道

“知己知彼”是取得决定性成功的关键，而在这四个字的背后，是对整个大局观念的揭示。所谓知己知彼，实际上就是要对整个大局形成总体掌控，而后“牵一发而动全身”，为自己的进退找到行动依据，而完美主义者的性格缺陷正在于没有这个观念。著名心理学家米歇尔研究发现，完美主义者实际上也并非不明白这一点，但是性格使然，在他们面临具体情况时，往往会被眼前的事物迷惑，转而步入歧途。

心理学教材中有这样一个案例：

第二次世界大战期间，美国及其盟军参加了武装打击德军的登陆作战，在成功完成作战任务后，盟军开始向德国境内纵深推进。当时，汤姆森正是万千大军中一个特种兵指挥官，就在他想要随大军一起展开进攻行动时，上级的一道命令突然下达。

原来，匆促撤退的德军为了阻遏盟军追击，破坏了沿途大量的交通设施，其中最重要的是距离此时作战前线100英里远的一座大铁桥，不过由于德军也有大量人员没有过桥，这座大桥此时尚未被炸毁。盟军为了不给德军留出时间去组织有效反击，必须利用这座大桥迅速过河追击，于是，指挥部决定发出一支精锐部队提前占领这座大铁桥。由于汤姆森带领的连队作战英勇，且极具敌后作战经验，这一任务最终分派给了他们。

时间紧迫，汤姆森接到命令后随即化装潜入战场腹地，在成功歼灭了几股德军溃兵后，汤姆森连队顺利接近了大桥。而此时，德军也明显地加强了对大铁桥的戒备。汤姆森当机立断，采用“诱敌出击”的战略，从而对守军造成了重创。随后，在空中火力的配合下，汤姆森连队发起突然袭击，顺利取得了大桥的控制权。为了加强防御，指挥部为汤姆森连队投送了大量武器弹药，使得整个大桥的防御工事固若金汤。随后赶来的德军逃兵果然被汤姆森连队轻易击退。但随着战事发展，越来越多的德国逃兵聚集在大桥前，他们接连发动了数次攻击，都被汤姆森连队强大的防御工事和火力网打了回去。汤姆森扬扬得意，只等大部队压上来，前后夹击，彻底消灭这股德国溃军，一切看上去都是那么完美。

但是汤姆森没有想到，溃退下来的德国士兵最终决定放弃过桥，他们丢下大批作战装备，在距离大桥10英里的地方有秩序地泅水渡河。汤姆森为此感到慌乱，他心想，如果这些溃兵成功渡河，随后他们必将再次成为抵抗盟军的武装力量，而此时，他们几乎徒手过河，只要自己采取攻击行动，必可轻易将他们歼灭。面对毫无防范能力的德国溃兵，汤姆森没有理会副手的阻拦，而是亲自带领一部分兵力前去歼敌。在消灭了一部分正在渡河的士兵后，德国溃军果然退了回去，并逃向更远的地方准备过河，汤姆森仍然没有放弃，他继续追击，再次拉长了战线。

而另一方面，虽然汤姆森的连队个个都是作战精英，但毕竟人数不多，而且此时他们已经分在大桥两端作战，而汤姆森带走一部分兵力后，大桥的防御力量再次被大幅削弱。不断涌来的德国溃兵没了退路，他们眼看着渡河士兵被打死，知道已是难逃一死，不甘被俘的他们向大桥发起了拼命的攻击。最终，德国溃兵成功突破汤姆森连队的防御，攻占了大桥。而此时的汤姆森大量弹药被缴，已经无力回天。德军随后便安放了炸药，在全部溃兵通过后从容地将大桥炸毁。这一战，德军利用大河成功阻滞了盟军的进攻势头，得到了充足的时间来组织反击力量，并最终对盟军造成了重创。

很明显，在这场战役中，汤姆森连队的初次胜利已经充分完成了指挥部的战略意图。但在这种情况下，完美主义思维在汤姆森的头脑中起到作用，使他继而想要全歼德国溃军。要知道，虽然前线退下来的德军是败兵，也失去了作战的勇气，但毕竟他们还是军人，不可能束手待毙。在难逃一死的情况下，他们还是可以发起战斗并形成战斗力的。所以，对于汤姆森连队来说，守住大桥的能力有余，但阻止溃军过河是不可能的。但面对瞬息万变的战场形势，汤姆森还是做出了错误的判断，他不但没有封堵溃军过桥，还将原本就有限的兵力再次分散，最终使战斗的主动权丧失。对此，心理学家赫尔分析，作为一名战场指挥官，汤姆森不可能不知道盟军占领大桥的战略意图，但他还是因为追求完美作战目标的想法而做出了错误的决定，使盟军指挥部在战略战术完全正确的情况下遭受不必要的创伤。

在现实生活中，完美主义者往往都是一些正直勇敢的人，他们所做的事情也都是出于正面动机和积极目的。但不可否认，他们的思维比较极端，在面对一些具体的事物时，也很容易形成极端情绪和极端行为。这样一来，就会导致他们的判断失常，总会出现一些本来不该出现的问题。此外，完美主义者总是欠缺灵活性，在他们眼里，是非黑白分得清清楚楚，绝不允许有一丝的妥协和退让。而更可怕的地方在于，他们往往能够清楚自己的性格缺陷，但如果让他们放弃对完美主义的信仰，他们又会陷入更大的恐惧和不安中，这就使完美主义者的行为和观念不可避免地陷入一个恶性循环。

然而，完美主义的苦恼不仅仅来源于自身，在他们用严苛的目光去面对这个世界的时候，注定也会被这个世界所排斥。著名心理学家奥尔波特通过调查发现，完美主义者的人际关系通常比较糟糕，这使他们在感到迷茫和劳累的同时，也会感到孤单，这对于渴望被他人肯定的完美主义者来说是最大的噩梦。在他们看来，自己做事认真负责，对人诚恳真挚，最终却换来如此不公的待遇，实在难以接受。而这种不公感是非常危险的，因为一个人一旦在自己和整个社会之间画“一条线”，那么说明他的思维和行为已经进入了极端状态，接下来他的所作所为都将是负面的。

小贴士

完美主义是一种非常典型的性格特征，拥有这一性格的人的缺点和优点一目了然。对此，心理学家奥尔波特提示大家，完美主义者应该学会务实精神，正视“完美只存在于想象中”的铁律。而更重要的一点是，无论什么样的目标都是因欲望而形成的，除非自己放下这种欲望，否则根本无法得到满足。所以，追求完美无可厚非，但需要将目标和结果看清且看轻，因为只有重要的过程才是最重要的。

3

口头禅彰显完美主义者的本性

在日常生活中，人们总会有一些自然流露的细节动作，这些细节看似简单平常，但在美国心理学家华生看来，却恰恰是窥测行为人内心世界的有效途径，口头禅正是其中的一种。口头禅是人们在日常生活中有意或者无意间养成的一种语言习惯。在对完美主义者性格进行研究总结的过程中，他为了系统分析他们的心理活动，为心理工作者和学习者提供理论依据，总结出了一些具有代表意义的完美主义口头禅。

完美主义者说“不可能”的内在信息。这是一种比较严厉的措辞，也是完美主义者使用频率最高的一类词语，在面对一些有悖于他们观点的事情时，完美主义从来不会顾及所谓的颜面或者场合，他们会在第一时间表述自己的看法，坚决维护自己的观点。从某种程度上来讲，让完美主义者说出这类激烈词语的事物，已经严重违反了他们的信条，这使得他们不仅反对，而且会予以痛斥甚至反击。在完美主义者看来，事情发展都有其不可更改的规则，任何违背规则的事情都是不应该发生的。而完美主义者要做的，就是维护这种规则，一旦有破坏规则的事情发生，他们便会立即挺身而出，予以捍卫。

吉米在2011年大学毕业后来到纽约工作，他工作认真负责，追求完美，虽然被很多同事侧目，但深受老板赏识，生活也算过得不错。但有一天，意外发生了，当时吉米正在乘公车下班的路上，一个毛贼行窃的场景恰好撞入他的眼中。本来吉米可以采取更加有效的方法，比如暗中提醒被偷的人或者报警等，但眼中尽是完美事物的吉米被窃贼的行为激怒了，他失去了理智，直接上前和小偷发生肢体冲突。车上的其他人包括被偷的人都不知道发生了什么事，于是纷纷进行劝解。窃贼心知理亏，想要借机逃脱，但吉米仍旧不依不饶，他执意报警，并要求公交车直接开去警局。吉米心中暗喜，在他看来已经胜利在望的时候，被逼上绝路的窃贼掏出了匕首，狠狠刺入了吉米的小腹，随后匆忙跳下车去，逃之夭夭。虽然吉米经过抢救已经脱离危险，那窃贼最终也被缉拿归案，但吉米却开始反思自己的错误。

对此，心理学家华生表示，勇敢不等于逞强，灵活圆滑更不等于没有原则。我们生活的社会环境鱼龙混杂，即使有和恶势力进行斗争的决心和勇气，也要讲求方式方法，绝不能被完美主义观念蒙蔽双眼，在情绪甚至行为失控的状态下去冒险。

完美主义者说“不可以”的内在信息。这是一种相对比较和缓的措辞，可能是因为完美主义者觉得事情不是很恶劣，或者是行为人和完美主义者的关系太过亲密。完美主义者也是人，他们的人情或者是非观念也并非一成不变，但如果有人认为完美主义者的和缓语气代表他们可以妥协退让，那他就大错特错了。在完美主义者看来，“不可以”只是因为不得已而留出了一个“缓冲带”，一旦对方触碰到了他们的底线，完美主义者一样会发起绝地反击。

马克是曼哈顿某大型企业的高管，平时认真负责，不苟言笑，是个典型的完美主义者。金融风暴之际，公司面临空前困境，不得已采取了裁员降薪策略，这就使得员工的工作压力增强，工作热情也有所下降。马克的副手雷诺为人精细、处事灵巧，他建议马克组织一场员工活动，提高大家的工作热情，而此时马克实际上已经有了自己的想法，并且认为雷诺的提议并不完美，于是婉言拒绝了他。但雷诺却从马克的言语中读出了松动的迹象，于是他一再坚持，并开始着手相关事宜。公司众员工也都闻风而动，每天议论纷纷，争相提出自己的建议，工作激情也确实有一定程度提高。由于公司正处于困难阶段，马克为了不打消员工积极性，最终只得授权雷诺举办活动，雷诺自然满心欢喜，而这其中更多的成分是他认为摸透了马克的心思，因为这就意味着他可以受到器重。虽然此事最终起到了积极作用，但雷诺还是被马克调去了其他部门，万般无奈之下，雷诺也只好无言接受。

心理学家奥尔波特提示人们，完美主义者通常对自己和别人同样苛刻，因此，他们很少存在道德品质上的缺陷。但完美主义者是敏感而多疑的，他们既注重细节，又看中结果，一丝一毫的不如意都会被他们介怀。因此，和这类人交往切忌自作主张，即使是无关紧要的事情最好也在事前征求他们的同意，只有这样，才能让他们感到大局在握，完美无瑕。

完美主义者说“我认为”的内在信息。和其他性格的人不同，如果完美主义者能够坐下来平静地表述自己的观点，那么说明他们对自己的观点已经持有客观态度，即他们提出的建议只是作为给对方的参考，而不是你死我活的原则斗争。而让人感到欣喜的是，即使提供参考性意见，完美主义者同样会认真、负责地对待，所以，他们的建议往往都是经过深思熟虑并且有益于事情发展的。

1943年3月，第二次世界大战已经进入盟军战略反攻阶段，大批作战物资从美国及世界各地运抵英国，美国陆军参谋总长马歇尔从太平洋调来足够数量的登陆舰后，盟军对诺曼底登陆作战的准备工作宣布就绪。战前，盟军指挥部召开了一次誓师性质的大会，但在会议的讨论阶段，英国陆军少将霍巴特认为盟军的作战计划仍然有改进空间，并提出了具体改进坦克的建议。由于大战在即，各路军队都已经制定了严密的作战计划，一时不容更改，所以霍巴特的提议并没有被盟军集体采纳。但时任英国参谋总长的布鲁克是个完美主义者，他对霍巴特十分了解，知道他做事认真负责，绝不可能是纸上谈兵，于是，他授命霍巴特进行相关工作。战争开始后，由于英国军队装备了具有针对性的坦克，使得他们迅速突破了德军的地雷阵地和火线封锁，很快打开了攻击豁口，成功完成了作战任务。而其他各国军队则进度缓慢，虽然在英国军队的策应下最终成功登陆，但无不伤亡惨重。

对此，心理学家托尔曼认为，完美主义者对于细节的关注往往使他们深陷其中，而他们的目光一旦得到“解放”，便会从细微之处转而放眼世界。他们考虑的范围会比常人更加广泛和具体，继而使他们对全局的掌控能力更加卓越。也许，完美主义者和智慧主义者的差距，只在一念之间。

完美主义者说“没问题”的内在信息。这是一种肯定的回应，如果完美主义者对某事进行了这样的表述，那么说明对方已经充分得到了他们的认可。对于完美主义者而言，得到他们的认可是很不容易的一件事，而能够得到他们认可的人，往往同样是完美主义者。

美国堪萨斯州立大学礼堂，学生艾米丽组织了一场社交活动。在她收到的回复邮件中，几乎每个人都写着“没问题”的字样。这一方面是因为艾米丽漂亮能干，社交能力极强；另一方面她也是学校的学生干部，很有号召力。活动当天，虽然下起了大雨，但学校路面硬化，又有回廊无数，根本不影响出行。所以，尽管同伴反对，但艾米丽仍热情不减地布置了会场。出乎她的意料，或者说正如艾米丽的同伴所料，活动时间已经临近，但所有受邀的学生组织和个人都没有来。正当他们准备放弃此次活动的时候，一个名叫坎贝斯的女孩从雨幕中冲进了礼堂，她擦干了脸上的雨水，对上前迎接的艾米丽说：“我没有迟到吧？”这就是美国20世纪80年代风靡全球的芭蕾舞姐妹组合的第一次正式见面。

心理学家卡特尔表示，完美主义者对违背他们原则的事情总是据理力争、毫不妥协，有时甚至忽略人情、人心，给人冷漠甚至冷酷的感觉。但只要是他们认可的事情，或者说只要是他们答应的事情，他们就一定会做到，并且丝毫不会打折扣。这一点，也许是完美主义者身上最大的亮点。

除此之外，完美主义者的沉默表示他们对事物和观点的默认，但他们此时的立场中立，既不支持也不反对。完美主义者如果说“我相信”，则表明他们在中立之余还是对某方有一定程度偏袒的。完美主义者说“我愿承担责任”，则说明他们多少有些失去理智等。

小贴士

对此，心理学家卡特尔指出，完美主义者会对自己的言行和举止有所关注，即使是微小如口头禅这样的细节。完美主义者通常都是胸怀坦荡的人，他们所坚守的真理也一定是被世人至少是被历史所认可的，因此，完美主义者并不会避讳自己的口头禅，也不避讳自己内心世界的外露。如此一来，了解完美主义者的口头禅，就成了窥探他们内心奥秘的不二法门。

4
笔迹透视完美主义者的心理特征

心理学领域有这样一种说法："每个人的性格就像是树叶，而在这个世界上绝对不存在完全相同的两片叶子。"在现实生活中，两个人即使生活在同一个家庭，他们的性格也不会完全一样。所以，即使是同属完美主义性格的人，其内心世界同样存在一定程度的区别。而心理学家马斯洛经研究发现，和性格不同如出一辙的还有行为人笔迹的不同。对于心理课题研究来说，鉴别千变万化的行为人笔迹，无疑是一种揭示人们内心活动的方法。

从字体倾斜程度来看完美主义者的内心。众所周知，完美主义者对细节格外关注。横平竖直、端端正正的字体最受完美主义者欢迎，他们自己的字迹往往也会以此为标准，这正好体现了他们为人正直、勇敢、光明磊落的一面。如果完美主义者的字体偏向左侧，说明行为人还有积极进取、奋发向上的性格因素。与此同时，在日常的工作生活中，这类人还要比典型的完美主义者显得灵活一些，他们虽然同样相信完美的存在，但却已经允许一定的曲度和张力存在。如果行为人的字体向右倾斜，那么说明他们非常理性，逻辑思维会成为他们处理一切事物的依据。这类人往往比典型的完美主义者更加过激，在他们看来，感性是导致失败的重要原因，因此，他们甚至会刻意地压制自己的各种感情和欲望，过着像苦行僧一样的生活。

从字体行向的高低来看完美主义者的内心。所谓字体行向，就是指一行字从头到尾是向上高了，还是向下低了，或者保持水平行向。完美主义者的字体行向往往会保持水平，这表明他们对完美主义的观点已经趋于理智，至少已经学会听取别人的观点，尽管他们仍然信奉完美主义。但也有少数完美主义者认为有一定斜度的行向更加美观，其中，行向越来越低的完美主义者属于比较懂得克制的一类人，也许是因为年纪增大，阅历更加丰富；也许是因为他们正处于生活或事业的低迷期，他们面对具体事物时已经不再激情澎湃，而是在一定底线上有所妥协和退让。而如果是行向越来越高的人，则表明他们时刻处在饱满的激情当中，他们努力进取、顽强拼搏，凡事都力求做到最好，不达目的，绝不罢休。

从字间距来看完美主义者的内心。完美主义者的字迹往往紧凑而均匀，对于他们来说，每一个字都好像是一个需要细心完成的任务，而每一个任务完成之后，又紧接着需要完成另一个任务，周而复始，从不间断。然而，如果仔细看，就会发现完美主义的字与字虽然均匀，但也存在着一定的差别，即有些完美主义者的字迹之间清晰秀丽，一个字一个字写得很清楚，这说明他们对待每一件事物都非常认真，但对大局的把握能力不强；而有些完美主义者的字迹，字和字几乎连在一起，通篇看上去像是一气呵成。这说明他们已经不仅关注细节，对于大局的把握同样开始认真对待。和紧凑均匀的字迹相比，这类人已经习惯成自然，对于具体的工作和生活，他们已经找到了合适的应对办法。

从行间距来看完美主义者的内心。写字是一项细腻的人类活动，美观的字迹需要行为人高度的手脑结合，并同时具有清晰的思路。和字间距不同的是，行间距更容易看出行为人对细节和整体大局的把握。那些书写工整、行间距清晰均匀的完美主义者，具有较强的把握能力，但完美主义性格很容易让他们失去客观的评判能力，使他们对待事物变得非常苛刻，有时甚至为了目的而注重形式，将自己禁锢在一定的框架内，无异于画地为牢。行间距之间比较肆意，但通篇看上去同样非常均匀的字迹，说明行为人已经是一个进退有度的完美主义者。他们信奉完美，也追求完美，但追求的侧重点已经开始转向过程，而非结果。对于一个适应了社会环境的完美主义者来说，虽然为人做事可能依然故我，但他们内在的心态，实际上已经有了很大改观。

从字体大小来看完美主义者的内心。字体巨大的完美主义者往往自信满满，他们相信努力就会有成果，对于别人的建议总是置若罔闻，而他们自己的思路又总是欠妥，所以，这类完美主义者有时甚至会表现出自负的一面。不过还好，他们刚直不阿，极富正义感，勇于和一些恶势力作斗争。字体比较小的完美主义者通常都是内秀型的，他们学识渊博、见多识广，而对完美主义的信仰程度又往往是最高的。此外，这类人机警、敏捷，忍耐力极强，属于典型的完美主义性格。字体忽大忽小，但通篇看上去错落有致、不失美观的完美主义者，思维比较独特，他们信奉完美主义，且自我意识强烈，无论是对待自己还是别人，都会非常严苛。心理学家马斯洛提示，完美主义者在取得一定成功之后，最容易犯这类错误。

从写字力度来看完美主义者的内心。心理学家奥尔波特研究发现，完美主义者写字的力度同样千差万别，从这一点，也可以看出他们细微的性格差别。有的人写字像铁犁耕地，入木三分，往往下面的好几页都可以印出字痕。这类人的性格也正如此，刚猛有力，正直不阿，对于自己决定的事抱有充分信心，从不轻易改变初衷。此外，他们的性格中也有自负成分，总是认为自己的观点和做法是正确的，对于别人的意见极少采纳。有的人写字像蜻蜓点水，一触即收。这类人写字用意不用力，讲求点到为止，而他们的性格也同样如此。在现实生活中，这类完美主义者具有强大的信仰，凡事都会被他们反复思考，力求完美。但他们也有不足之处，即临机处事的能力有所欠缺，所以，心理学家奥尔波特对这类人有一个综合评价——多谋寡断。还有的人写字着力均匀，犹如美人梳头。这类人写字与其说是做事，不如说是思考，他们通常抱有坚定不移的信念，并矢志不渝地为达成目标而奋斗，但实际上他们大多情况下处于隐忍待发的状态。他们相信唯有忍能成事，因此，他们不惜几年甚至几十年如一日地为了一个目标而努力，直至成功。奥尔波特对此表示，在成功面前，这类完美主义者简直有些恐怖，因为具备这种性格的人，几乎没有什么事情是他们做不到的。

从写字速度来看完美主义者的内心。写字速度通常需要在行为人书写的时候进行观看，但实际上，仅从字迹上就可以充分判断行为人的书写速度。心理学家奥尔波特表示，快速书写的字迹，并非一定以牺牲工整为代价，只要运笔得力，笔锋到位，飞快的书写速度一样可以书写美观的字迹。据此可以判断，书写速度飞快，同时字迹也很潦草的完美主义者，性格刚直冒进，只是凭着一股蛮劲向着自己的目标前进。这类人虽然正直不阿，富有正义感也敢于和恶势力作斗争，但他们缺乏基本的能力，生活常常四处碰壁，多不如意。而书写速度飞快，字迹又很工整的人，具备一定的处事能力，基本已经可以融入集体。对于那些书写速度飞快，而字迹潦草中又带着谋篇布局的人来说，其处事能力已经臻于化境，在日常生活中，这类人往往大智若愚、大实若虚，往往更能做出一些让世人惊叹的事情。

著名心理学家米歇尔表示，**每个人都处于不断成长的过程中，一次的成功和失败根本说明不了什么，问题的关键就在于行为人对待成功或者失败的态度，这直接关系到他们的未来命运。同样，完美主义者也是如此，他们的性格也并非一成不变，而是大多处在一个逐渐走向成熟的过程，这一点和任何人、任何性格的人都一样。**因此，完美主义者同样具备成功的可能和能力，任何一概而论的观点都将在事实面前化为齑粉。

5 穿衣打扮是完美主义者外在的心理表现

穿衣打扮包括行为人对帽子、上衣、裤子、鞋子等的搭配选择，以及整体样式和颜色的搭配。对此，心理学家凯利表示穿衣风格可以透露一个人的心理年龄和性格特征。**而之所以能够通过穿衣风格来窥测出行为人的内心世界，正是因为这些外在的表现都是行为人在无意间完成的，而越是无意而为，就越是有心之作。**对于完美主义者来说，追求完美的决心是一致的，而他们的审美观念却各有千秋。心理学家斯坎特研究发现，通过不同风格的穿衣打扮，可以对完美主义者的内心世界进行更加深入地了解。

完美主义者对帽子的选择。完美主义者总是对礼帽情有独钟，在他们看来，简约的线条、优雅的格调，可以充分体现出设计者的独具匠心和佩戴者的独领风骚。个性而不张扬，简单却蕴藏内涵，也许这就是完美主义者的完美体现。无论是面对困难还是失败，他们总是勇往直前，为了自己的信仰不惜身败名裂、粉身碎骨。圆顶毡帽是完美主义者的另一项选择，相比而言，这类完美主义者更加沉稳和老练，有时甚至给人一种呆滞和木讷的感觉，但在他们平静甚至看似愚钝的外表下，实际上却藏着一颗智慧的头脑。这类完美主义者最大的特征就是追求完美的方式已经趋于和缓，很多时候已经难以在他们身上看到完美主义者的身影，**但如果仔细观察，会发现他们依然坚守着别人不可触碰的原则，长久的忍耐和等待只是为了积蓄力量，只要时**

机一到，他们便会一飞冲天。而对于完美主义的信奉，这类人的意识也会如同陈年老酒一样，越来越浓烈。

完美主义者对衣服的选择。过于奢华的衣服通常不会被完美主义者青睐，他们大多受传统思想的影响，往往更加关注衣服和自身气息的融合，得体、朴素，能够和文化价值观念契合的衣服对于他们来说反而更具吸引力。然而，他们又是识大体的，不同的场合，他们总是会选择不同的衣服，但在他们看来，这只是对别人的一种基本的尊重，并不存在原则上的妥协。对于颜色的选择，完美主义者喜欢单一且颜色较深的衣服。对于完美主义者来说，虽然他们的观念和行为总是引起世人的关注，但实际上他们并不愿被人关注，因此，他们在选择衣服上会尽量贯彻低调理念。对于完美主义者来说，线条、层次和配饰的风格，一定要足够分明，自然顺畅，切忌模糊不清、拖拖沓沓。以衣服袖口上的纽扣为例，一颗则嫌少，四颗则嫌多，两三颗正合适。如果衣服风格需要搭配二十颗纽扣，那么一定要设计成独立的两排或者两列；如果衣服风格只需要搭配一颗纽扣，那么这颗纽扣也一定要有可见的两个以上组成单位。换句话说，整体布局数目，依然要在一和四之间。这就是完美主义者对于细节的关注和要求，可能苛刻，但他们能说出自己的道理，很多时候，这道理也足以使人信服。

完美主义者对领带的选择。在职场中，西装已经成为一种必不可少的服装。综合来讲，正装西装的风格都比较简单，无论是颜色、层次还是线条，这些特征刚好契合了完美主义者对于服装理念的要求。所以，正装西装还是比较受完美主义者欢迎的，他们上班下班，乃至接客访友，都是西装不离身。而相对来讲，更能体现完美主义者心理的却是领带（或领结），领带几乎与西装同时诞生，作为西装最重要的配饰，完美主义者总会在上面花费大量心思。由于领带的样式大同小异，所以领带的颜色就成了主要的选择对象。而完美主义者选择领带颜色的一大原则就是，和衣服颜色相近甚至同色。心理学家奥尔波特经调查发现，在完美主义者的着装中，极少出现衣服和领带颜色有反差的情况，与此同时，完美主义者也不会允许自己的领带上有两种或者两种以上颜色。

完美主义者对裤子的选择。这里所说的裤子涉及完美主义者对衣服的自主搭配，主要指的也是他们在生活休闲和娱乐时的穿衣选择。著名心理学家米歇尔通过研究发现，完美主义者的运动细胞比较欠缺，他们即使在必要情况下，也会表现出对运动的排斥。因此，运动服装被完美主义者视为禁物，除了西裤之外，牛仔裤可能会成为完美主义者最为钟情的服装。心理学家米歇尔提示人们，完美主义者对牛仔裤的选择同样与众不同，比如层次要少；颜色要中性偏浅；线条要简单流畅；只能有传统的五个兜；配饰除了必要的纽扣和拉链外，即使出现一条多余的线痕，也会被他们所厌弃。此外，对裤筒长短的要求最能体现出完美主义者的特点，由于身高的不同，又少有人进行单独定做，商场里的牛仔裤总是会出现不同程度的过长。也许有人会将多余的裤筒挽起来，也许有人会任其堆在脚踝处，但完美主义者在买完牛仔裤后，第一件事一定是将裤筒进行裁剪，达到适合自己身高的长度。

完美主义者对鞋子的选择。对于绝大多数完美主义者来说，他们都不会把大量时间浪费在买东西甚至是漫无目的的逛街上。所以，完美主义者在找到一款自己喜欢的鞋子后，通常会长久性地购买同一品牌甚至是同一款型。而对于鞋子的选择，完美主义者同样喜欢简单自然的风格，即颜色较深、层次较少、线条极简。而心理学家斯坎特的另一项研究结果表明，完美主义者更钟情于有鞋带的鞋子。心理专家斯金纳据此分析，在完美主义者看来，传统的鞋子都应该配有鞋带，只有这样，一双鞋在他们的意识当中才是完整的，这来源于他们对传统文化的钟爱；而另一个比较实际的观念是，配有鞋带的鞋子更舒适、更具调节性，完美主义者可以根据自己的实际情况决定鞋带的松紧，这对于凡事都想牢牢掌控在手中的完美主义者来说，也就不足为奇了。

完美主义者对手提包的选择。手提包已经成为现代职场人士不可缺少的装束，尤其是对于追求得体着装的完美主义者来说，手机和钱包等生活必需品如果放在身上都会造成不同程度的不便，一个充满个性的手提包就成了他们工作和生活的重要工具。完美主义者对于提

包的选择，颜色以深色为主，且不会出现两种或两种以上的颜色；层次仍然以简单为主，在大多数人看来，手提包需要装入各种各样的东西，所以很多人都希望提包内可以分出多个兜，但完美主义者却不这么想，因为他们并不会随身携带太多的东西；线条需要简约流畅、自然时尚。值得注意的是，虽然手提包可以装进不少东西，但为了不破坏提包的美观，完美主义者并不会放入过多的东西，而且他们放置的物品也会井井有条，很少出现杂乱无章的现象。在这里，他们去繁就简的习惯同样会得到体现。

完美主义者对饰品的选择。完美主义者通常都具有很强的时间观念，因此，对他们来说一块精准可靠的腕表往往必不可少。而对于时间无处不在的当今社会，腕表已经在很大程度上沦为了我们的装饰品。因此，完美主义者对于腕表的选择也变得挑剔，在选择购买的过程中，金属外壳、质地坚硬、底色较深、线条简单、弧度柔和的腕表已经成为他们的首选，而对于一些电子表、卡通表等千奇百怪的腕表，完美主义者是不会为之侧目的。此外，风格简约、娇小精美的耳钉、戒指、项链等小饰品也是完美主义者追求细节的具体表现。

完美主义者对于整体着装的选择。完美主义者的整体着装风格，还是以简单和自然为主，在他们看来，整体的着装颜色不可以超过两种。鞋子和上衣、裤子和帽子，总之可以形成对称视觉效果的部分都需要进行搭配。此外，完美主义者的鞋子、腰带和手提包基本以黑色为主，即使换作其他，也多为相近的颜色或统一的颜色。

小贴士

心理学家费斯汀格表示，虽然完美主义者的性格可能存在不同程度的差异，但大体离不开正直、传统、低调的主体意识。因此，通过不同的穿衣打扮，往往可以对完美主义者进行更深入的了解。

6
从生活习惯看完美主义者

生活习惯纷乱繁杂，即使同属于完美主义性格的人，心理学家费斯汀格也无法做到一一掌握、精准无误。由于日常生活习惯携带的性格信息最为丰富，因此，心理学家将日常生活习惯作为心理研究的重要课题对待。心理学家费斯汀格还表示，生活习惯是行为人在心态最为放松，主观意识最为薄弱时做出的行为，他们此时的戒心最小，掩饰、回避、虚张声势等负面性格因素也降到最低。因此，他们此时的行为所携带的性格信息更为真实和准确，具有极强的利用和研究价值。在日常生活中，通过最为平常的生活习惯来关注和判断行为人的性格，也是最为有效的途径之一。

从说话习惯看完美主义者。说话是人类最为常见的日常行为，有的人沉默寡言，有的人时刻叽叽喳喳，有的人快言快语，有的人支支吾吾。而完美主义者说话却比较有特点，他们通常情况下会保持沉默，但却时刻处于关注和思考中。因此，完美主义者一旦发言，就说明他们已经考虑清楚，即使面对质疑和反对，他们也不会有所改变。完美主义者对于一件事情的叙述会从头到尾，有理有据，概括又具体，可能会显得有些苛刻或者偏激，但他们的观点一定是经过推敲和思考后的整套思想。

从发笑习惯看完美主义者。完美主义者最为明显的一个特征就是不会笑，即使是看到了十分可笑的事情，或感到了无比欣慰的关怀，他们依然会以一副略显呆板的面孔示人。心理学家班都拉分析，完美主义者的内心时刻处在不安和思虑之中，他们的注意力总是不能完全集中于眼前事物，他们更能在对未来事物的把握中得到安全感。因此，担忧的表情会习惯性地挂在完美主义者的脸上。当然，完美主义者也并非永远都不会笑，比如在达成了一件非常渴望完成的愿望时，他们紧绷的神经便会暂时松懈下来。这个时候，他们的心绪是轻松而愉悦的，如果身边有关系不错的人，说不定他们还会开上两句玩笑，但由于他们在这方面的能力天生欠缺，且长久性板着面孔，一般很少有人能领略到他们的真实心意。不过没有关系，完美主义者开玩笑只是一种心情大好的表现，并没有制造或者传递快乐的意图，因此他们并不会在乎别人的反应，只是自顾自地笑个不停。所以，很多时候完美主义者是不被别人理解的，即使是他们开心的时候，同样和别人有着天然的沟通障碍。

从吃饭习惯看完美主义者。可能很少有人想到，完美主义者对于饮食是非常挑剔的，从卫生习惯到营养搭配，从用餐时间到每餐食量，他们都会做到心中有数。这大概是因为他们对健康的关注，很明显，时间对于完美主义者来说是不够用的，而生病对于他们来说意味着要消耗大量的时间和精力。而完美主义者通常又是非常热衷于思考的，或者说天性使然，他们根本无法停止思考。于是，可能造成身体健康出现问题的因素会被他们一一发现，然后加以避免。完美主义者虽然时刻处在紧绷甚至劳累中，但他们实际上非常清楚自己的承受能力，又因为心中有着强大的信仰，他们的精神世界实际上是非常丰富的。因此，我们看到很多完美主义者虽然劳累疲倦，但他们的精神状态却总是十分饱满。

从饮酒习惯看完美主义者。不知从何时开始，吃喝应酬已经成为职场活动的必要组成部分，这其中，酒更是演变成了一种社交文化。完美主义者饮酒的习惯着实令人咋舌，他们的身体似乎具有无限潜能，总能在强大的完美主义信仰下被他们激发出来。酒桌上，完美主义者并不会轻易饮酒，礼节性的来往是他们最为普遍的行为，但一旦遇到挑衅，或者关系甚好的朋友，他们饮酒的劲头会毫无悬念地征服每一个人。心理学家斯坎特对此表示，人类的各种活动都是为了赢得尊重和认可，因此，虚荣心和逞强的成分存在于每一人的血液里。而完美主义者显然更加注重别人的看法，所以，他们会抓住每一个可以表现自己的机会。饮酒，虽然只是生活中的一个细节，是一种再常见不过的习惯，但它却最能表现一个人的性格特点。

从洗澡习惯看完美主义者。虽然这是一种日常行为，但却并不是别人可以常见的行为，当然，亲人和恋人则有机会观察完美主义者的洗澡习惯。和其他性格人群相比，完美主义者更喜欢盆浴，心理学家奥尔波特表示，身体达到一定的舒适程度和静止状态，更能促使行为人有效地思考。因此，时刻处于忙碌状态的完美主义者，一见到自己的浴盆便放慢生活的节奏，也就不足为奇了。与此同时，紧绷的肌肉，超负荷运转的神经元，都会在行为人将身体完全浸入热水的一刻开始放松，在日常生活中，这也许是完美主义者唯一的放松机会。心理学家奥尔波特对此表示，超负荷的思考会导致大脑活动能力下降，而且这个过程也会伴随着不安和焦躁，从而使思考陷入恶性循环。因此，全身心地放松一下，并不会带来负面的影响。相反，当完美主义者休息过后，思绪会变得更加明晰，思路也会变得更加开阔。

从阅读习惯看完美主义者。思考，是完美主义者的特质，而实际上，有效的思考必须以丰富的知识为基础，很显然，阅读正是摄入知识的最佳途径。所以我们可以看到，典型的完美主义者无不具有良好的阅读习惯，而在具体的阅读过程中，他们又会伴有深入的思考，每一个问题都会试图得到最深入的解析。心理学家卡特尔提示人们，完美主义者具有强大的自制能力，不停地思考又会促使他们不间断地去获取新知识，因此，完美主义者是真正能将阅读作为一种习惯对待的人。从另一个方面来看，一个典型的完美主义者虽然被动接受建议的意识不强，但他们自主学习的热情非常高涨，如果建议者是在他们寻求帮助的时候进行表述的，他们的建议会很容易被接纳。换句话说，完美主义者的成长和发展，通常都是十分快速和坚固的。

从兴趣习惯看完美主义者。性格使然，完美主义者更喜欢一些安静的、有一定挑战性的脑力活动。比如下棋，这项源远流长的智力游戏千百年来一直受到广大知识分子的热捧。据心理学家米勒调查发现，真正的下棋高手，往往都是具有完美主义性格的人。他们横观大局，又纵览每一个细节，下棋对他们来说就是一次对于完美主义信仰的考验。于是，每一次失败对于他们来说不再是挫折和失落，而是一次次的激励和刺激，会促使他们进入更加疯狂和变态的反扑状态。

小贴士

法国心理学家雷蒙特曾经在一次演讲中说："完美主义者的很多观念都近乎变态，这种变态也会让很多人对他们避而远之。在大多数人看来，他们属于不正常的一类人，但只有我知道，这种变态是取得胜利的最佳武器，是通往成功的最佳途径。成功和胜利对于他们来说，无异于老鼠见到猫那样。"

第三章

读懂全爱型利他主义者的心理特性——我的快乐其实很简单

利他主义者善于表达和回收自己的“爱”，并在此过程中得到别人的认可，找到自己的社会定位以及心理定位。美国心理学家奥尔波特表示，每一类人格都有自己的处世“绝招”，利他主义者也不例外，事实上他们的绝招就是“爱”，而所谓爱，无非就是对别人予以关注和帮助。利他主义者对于别人的关注往往多于自己，只要别人有需要，他们绝不吝惜自己的帮助。在得到别人的感激和认可的时候，利他主义者会觉得自己的价值得到了体现，自己的成就感或者虚荣心也得到了满足。心理专家表示，利他主义情节是建立在帮助别人的基础之上，因此，利他主义者的存在对于社会的和谐发展是有利的。

然而，心理专家提示人们，真正的利他主义并非一件简单容易的事情，乐于助人同样需要高规格的智慧，需要正视很多观念，排除种种误区，并认清很多面孔，只有这样才能把真正的爱带给那些真正需要它的人。在这之后，利他主义的价值才能得到真正体现。

1

把帮助别人当成生活重点

利他主义者在生活中常被人们称为“老好人”，他们大多和善可亲，甚至有一丝憨厚，无论在生活还是在工作中，他们都是大家喜欢的对象。心理学家费斯汀格表明，利他主义者占有欲不强，上进心不足，几乎对任何事情都不感兴趣，而唯一能让他们感到有趣的事情也许就是帮助别人，因为在此过程中，他们可以得到无限的满足和成就感。但心理学家米歇尔通过调查发现，利他主义者实际上更容易得到别人的帮助，这一点可能连他们自己也没有注意到。因为在他们帮助别人的同时，大多数人都会对他们心存感激，而一旦他们有了困难，那些心存感激的人自然会全力来帮助他们。因此，利他主义者虽然少有大富大贵，但他们通常生活稳定，幸福美满地过完自己的一生。

更为难得的是，利他主义者往往拥有良好的心态，无论工作还是生活，他们总是无忧无虑，几乎从来没有烦心事。心理学家米歇尔表示，利他主义者具有很好的适应能力，能够较快融入新环境，发挥自己的作用，实现自己的价值。不过心理学家凯利提醒人们，利他主义者如果急于得到别人的认可，很可能在助人的过程中迷失自己，变得本末倒置，过于关注细枝末节。这个时候，利他主义者的行为就很可能会染上职场习气和功利色彩，继而完全背离利他主义的真正理念。在心理学家凯利对相关心理课题进行深入研究的时候，曾得到了这样一个实例的支持。

乔娜是曼哈顿某小型公司的员工，她新近毕业，刚入职不久。虽然没有丰富的工作经验，但乔娜仍旧很快赢得了大家的好感，这主要得益于她的性格，即乐于助人。工作之余，乔娜总能找到一些事情来帮助身边的同事，比如擦桌子、扫地、浇花，搞得清洁人员都有些不好意思。在得到大家的初步认可之后，乔娜还细心地了解了每位同事的爱好，甚至这些同事喜欢哪家的咖啡，热衷于哪个牌子的香水她都一一记下，还时不时地送同事一些小礼物。然而没过多久，同事们就有些不好意思了，他们原以为乔娜只是为了拉近大家的距离，而故意摆出一副低姿态，没想到她对大家的事越来越关心。

从某种意义上来讲，职场人士的交往基本都会保持一定的距离，各自的空间也会比较独立和隐私。而乔娜明显没有这样的意识，她的举动看似热情，而大家反馈给她的信息却使她越来越寒心。可怜的乔娜并没有意识到问题出在哪里，由于性格使然，她只能更加卖力地“帮助”别人，希望重拾大家的好感。部门经理也在这个时候开始关注乔娜，在乔娜进入公司之初，他也很喜欢这个勤劳憨厚的小姑娘，但部门经理很快注意到，乔娜的工作表现并不如她的人际关系的表现。几乎每天下班后，乔娜都要留下来加班，浪费公司资源不说，部门经理的工作计划也经常因为乔娜而不得不拖延。为此，部门经理找到乔娜进行了谈话，并指出了她工作问题的症结，希望她可以积极改正。和经理谈话后的几天，乔娜的工作表现有所好转，但不久之后，乔娜的工作状态又回到了最初的样子。于是，无论是同事还是经理，对乔娜的表现都失去了信心，不过因为乔娜的诚恳，同事和经理都在尽力帮助她。

由于乔娜所在的公司处于起步阶段，因此业务并不稳定，有时候会比较清闲，但忙起来的时候大家很可能连吃饭都顾不上。一次，公司又接到了一个紧急任务，大家忙得不亦乐乎，眼看就要到了吃饭的时间。乔娜已经对这种情况有所了解，略加思考之后，她决定帮助大家解决这个问题。于是，在大家腹中空空，暗自叫苦的时候，乔娜为大家订的快餐送到了。看着乔娜忙前忙后的身影，每个人都很感动，乔娜也在此时找到了久违的成就感。但意想不到的事情发生了，由于工作量剧增，经理的压力也很大。所以，在他看到众人聚在一起吃饭的时候，心中顿时生出了一丝不悦，不用问他也能猜到，为大家订餐的人一定是爱“多管闲事”的乔娜。其实，吃一顿饭也耽误不了多少时间，但问题并非出在这里，而是乔娜做了一件不该做的事，确切地说，她做了一件应该由经理来做的事。就这样，乔娜的乐于助人在经理眼中变成了多管闲事。

虽然经理并没有当场发作，但不久之后，乔娜还是静悄悄地离开了公司，也曾有同事为乔娜打抱不平，但当经理拿出乔娜的工作报告时，所有人都沉默了，毕竟，每个月二十几天不能按时完成工作任务的员工，是任何一家公司都无法接受的。那名经理还表示：“我不是不想给她机会，但我知道，一个人的性格一旦形成，就意味着这个人的思维和行为方式都很难改变。因此，我选择让乔娜离开也是出于对公司和大家负责的态度，如果乔娜能够通过此事认识自己的错误，对她来说也未尝不是一件好事。”

乔娜初出校园，没有实际的工作经验，出现这样的职业困惑在所难免，但据心理学家奥尔波特分析，乔娜的问题很大程度上并非出自经验，而是出自性格原因。利他主义人格最重要的特点是希望通过奉献得到他人的认可，从而得到满足感和实现自己的价值定位。在学校中，由于大家都是学生，乔娜可以在学习方面对其他同学进行帮助，而其他方面的帮助则居次要地位，一切都很正常。而在进入职场后，乔娜却未能及时完成角色转换，由于在工作上资历尚浅，她又不能据此对别人进行帮助。于是，一些细节的帮助就成了乔娜赢得别人好感的主要手段，在此过程中，她的价值观念自然会不可避免地发生紊乱。

对此，著名心理学家奥尔波特表示，每个人都希望拥有成就感，希望得到别人的尊重和认可，这是很正常的，但如果把帮助别人当做首要得到满足感的事情来做，很多时候却是不合时宜的。很明显，公司不是为员工提供这种满足感的地方。换句话说，乔娜如果在工作上对同事进行帮助也无可厚非，但她的实际做法却明显与此背道而驰。要知道，公司要前进、要发展就必须创造效益，而创造效益的前提则必然是拥有效率，这是再基本不过的常识。而利他主义者的很多做法，一方面无法实现自己的劳动价值，使自身利益失去保障，相关的家人和朋友也可能因此而受到连累；另一方面，利他主义者如果不能认清形势，而是提供很多别人不需要的帮助，那么，即使他们态度诚恳，初衷良好，也只是一相情愿，甚至适得其反。

小贴士

在心理学家米歇尔看来，乐于助人并没有错，但每个人在工作和生活中，都要分清主次，把属于自己的任务首先完成，然后在精力允许的情况下，去帮助别人。只有这样，利他主义者才能在受到同事欢迎的同时也得到领导赏识，并最终使自己的价值得到最大程度的实现。否则，一切都将无从谈起。

2

全爱型利他主义者的心理需求：多个朋友就会多条路

事实上，每个人所追求的不过是一份满足感，只是追求的方式不同而已。利他主义者的乐善好施属于一种常态，他们少有功利。对于利他主义者来说，帮助别人已经成为一种信仰，是他们实现自己人生价值的途径。因此，无论是自己的亲人、朋友，还是那些根本不曾相识的路人，利他主义者总是愿意尽最大努力提供自己的帮助，他们不计个人得失，甚至不惜搭上自己的性命，所求不过是一份别人的认可。著名心理学家米歇尔认为，正是因为这种常态的助人心理，被利他主义者帮助的人越来越多，进而使利他主义者可能得到的帮助和机会也随之越来越多。

在美国的内华达州，曾经流传着这样一个传奇的财富故事。内华达州原本是一片沙漠。但在20世纪30年代初，内华达州则通过博彩业逐步走向了繁荣。由于具备丰富的旅游资源，内华达州的经济受到博彩业的带动，旅游业也得到长足发展，而且，酒店和餐饮业紧随其后开始规模化兴起。第二次世界大战结束后，乔布森退伍回乡，成了内华达州一名普通的邮递员。他热情开朗，乐于助人，在当地受到很多人的爱戴。当旅游业在他的家乡形成规模后，乔布森辞掉工作，开了一家针对外来游客的小餐馆，他每日迎来送往，忙得不亦乐乎，每一个来过他餐馆的人都对他的服务赞不绝口。由于天生的利他主义性格，乔布森的小餐馆逐渐聚拢了一些人气，经过几年摸索，他成功总结出了一套成熟的经营理念。这不仅使乔布森的小餐馆在众多背景深厚的餐馆间生存了下来，还使他的名气大增，很多国际知名的餐饮企业负责人都为乔布森的成功感到不可思议。

随着当地旅游业的逐步成熟，酒店业已经成为下一个经济增长点，乔布森没有放过这个机会，他紧跟时代步伐，在家人和朋友的支持下，投资建设了一家星级酒店。但酒店相对于餐饮来说要复杂一些，需要专业的管理人员和服务人员，乔布森虽然勉力经营，但酒店的业绩仍然惨淡。乔布森认真分析，希望找到原因所在，可还没等他想明白，郡斯特已经将触角伸到了内达华。郡斯特是国际知名的酒店连锁企业，当时已经在全球投资建设了上千所酒店，拥有强大经济实力的同时，也具有很高的知名度和好评度。郡斯特的到来，无疑会使当地的酒店行业受到重创，而惨淡经营的乔布森酒店难免首当其冲，并最终面临破产的命运。

一天，气象骤然恶变，转眼间暴风雪席卷了内华达州，大批旅客来不及反应，被迫涌进当地旅馆，乔布斯的酒店也很快爆满。由于当时的夜生活还没有兴起，天色暗下来后，乔布森酒店的服务人员便准备关闭大门。然而就在这时，一位风尘仆仆的老人出现在了门外，因为酒店已经客满，服务人员准备继续关闭大门，希望老人去别的酒店。但乔布森显然不这样想，他看到老人瘦弱的身形，赶忙将他让进大厅，并安排在了暖和的炉火旁。老人话语不多，只是一边烤火一边默默注视酒店内的一切。他先是看了看井井有条的店内布局，又看了看和服务人员一起忙前忙后的乔布森，严峻的表情逐渐变得温和起来。随后，他叫来乔布森，并说出了自己的请求："我要住店。"

"房间已经住满了，如果您不嫌弃的话，可以住我的房间。"乔布森回答。

老人很满意，微笑着点头，当晚心满意足地住进了乔布森的房间，而乔布森则不得不在忙完后和服务人员挤了一个晚上。第二天，天气好转，客人也都逐渐离去了。而那老人起得很晚，并且根本没有离开的意思，从那天开始，他每天午饭之后到郊外散步，日落前回来，一直住了一个月有余。乔布森对于这位贸然住进自己卧房的老头，非但没有感到厌烦，反而觉得他是一个有意思的老头。老头不怎么讲话，总是倒背着手，面容慈祥，笑呵呵的像个得了便宜的孩子。乔布森总是找机会和他说话，询问他需不需要自己的帮助，老头却始终一副悠然的表情，摇头不语。又过了一个星期，老头要走了，他提出要求，希望乔布森与他共进晚餐。乔布森早就想和老头结交，在他看来，这一定是一位不同凡响的老者，得到邀请后随即赴宴。

席间，老头谈到正在筹划的郡斯特酒店的开业事宜，乔布森听后神色黯然，无奈地说："看样子他们已经准备好大干一场了。"

"不，还没有，至少还缺少一个像你这样的经理人。"老头莫名其妙地说了一句，依旧嘴角含笑，目光柔和。

"也许吧。"乔布森心不在焉地答了一句，也随老头笑了起来。

老头离开后，郡斯特纽约总部的负责人忽然前来与乔布森洽谈，希望他能够成为郡斯特内华达州酒店的负责人，这也就意味着，乔布森可以一跃成为国家顶尖的连锁酒店区域负责人。乔布森欣然接受，并随即前往纽约正式接受任命，这就是乔布森成为郡斯特国际连锁酒店总部负责人的开端。在郡斯特纽约总部，乔布森再次见到了那个老头，不错，他正是郡斯特国际连锁酒店的创始人菲利特·肯贝尔。肯贝尔到乔布森酒店一行的目的，也正是要考察一下当地妇孺皆知的乔布森和他的酒店。那场暴风雪，也许对于很多人来说再糟糕不过，但对于肯贝尔来说却是一个好机会。他故意选择在关键时刻出现，并提出过分要求，又在乔布森的酒店住了一个多月，目的全在于考察乔布森是否适合做他的酒店经理人。当然，最后他得到的答案是肯定的。在肯贝尔看来，专业的知识和经验是可以培养和积累的，但可贵的利他主义者人格却实在难得。这就像制作一把锋利的宝剑，锻造和磨砺技术固然重要，但最重要的，无疑还是制作宝剑的材料。

俗话说："凡事皆有因，有因必有果。"实际上这句话还有一

个比较通俗的说法，即善恶有报，终难一逃。然而在现实生活中，我们总能看到某人有难，八方来助，却看不到此时被帮助的人其实已经为他人做了很多事。

小贴士

美国心理学家米尔格兰姆表示，当行为人有困难却无人过问时，首先要进行反思，是不是自己也很少为别人着想或者主动帮助别人，甚至在别人寻求帮助的时候仍然冷漠无情。如果有以上情况，不妨向利他主义者学习，在自己的能力范围内尽量帮助别人，这样，行为人的朋友就会越来越多，在现实生活当中得到的帮助也会越来越多，所谓“多个朋友多条路”也正是这个道理。

3

无言的付出是利他主义者的悲哀

在我们身边生活着这样一种人，他们沉默寡言，独来独往。即使我们与他们在一起工作生活很长一段时间，也仍会感觉与他们形同陌路人。然而在这类人中，同样也有着一部分虔诚地信奉着利他主义的人，他们以帮助别人为自己的价值理念，但由于漠视别人的回馈，或者规避世俗的质疑目光，他们总会在做了好事之后悄然离去。也许在很多人看来，这些人是做好事不留名的英雄，但实际上，他们只是为了寻求心灵的安慰。

然而，心理学家詹森提示人们，做了好事，要勇敢地说出来，利他主义者同样需要开阔的胸襟，需要站在阳光下去行使自己的心灵义务。对于社会而言，这是一种对正义的宣扬，是对整个社会的发展都有其正面意义的事；对别人而言，这是一种感染，是一种可以将文明传递下去的义举；而对于自己而言，如果只是做而不说，很多时候非但不能在各方面起到积极作用，而且很可能被人误解，甚至产生不好的影响。

在泰国，人们总是能和大象结下不解之缘，无论是劳动生产还是日常生活，大象那硕大而悠然的身影伴随着泰国人民不知度过了多少个春秋。1972年，生活在曼谷市郊的奴古和妻子完婚，婚后夫妻俩的生活幸福美满，其乐融融，不久他们就有了自己的宝宝。但奴古的妻子却因为难产而不幸辞世，给他留下了一个嗷嗷待哺的男婴。

送走了妻子后，奴古发誓无论遇到什么困难，也要将孩子养大。奴古的工作是守护林木，每天大部分时间都在林子里巡查，为了更好地照顾孩子，奴古饲养的一头大象担起了一部分责任。这头大象早在奴古小的时候就已经生活在他们家，此时已是垂暮之年，但也正因如此，老象和奴古之间的感情很好，甚至已经有了一些人性。在老象的陪护下，奴古的孩子快乐成长，他每天和老象在一起嬉戏打闹，忙着爬上爬下，玩得不亦乐乎。那头老象更是性情温和，无论奴古的孩子怎么闹，他总是像个慈祥的老人一样用长长的鼻子爱抚他，热了为他遮阴，还时常喷些清水给他洗澡；冷了将他拢进怀里；睡着了，居然还会为他驱赶蚊蝇。而奴古也因此有了更多的时间去忙他的工作，他每天清早出门，然后快速到林中穿行巡视，并赶在日落前回到家中与自己的孩子以及老象团聚。

然而，不幸的事情还是发生了。1976年夏，奴古正在巡视林木的时候突发山洪，道路被统统阻断，他没有办法，只好在山里过了一夜。虽然担心自己的孩子，但是因为有老象照看，奴古并没有想太多。第二天一早，奴古便匆匆赶回家中，然而当他推开院门后，却被眼前的一幕惊呆了。只见孩子的衣物散落一地，血迹也染得到处都是，而此时的老象，一副狂怒的姿态，口中身上也尽是鲜血。看到奴古后，老象依旧长声嘶叫，要不是有铁索牵制，估计那老象已经彻底发狂。奴古不知道老象为什么发狂，但他已经找不到自己的孩子，看到老象满嘴的鲜血，他简直不敢相信自己的眼睛。愤怒冲昏了奴古的头脑，他将自己的猎枪对准了老象的头顶，老象更加狂怒，似乎要向他扑来。此时，奴古彻底失去理智，一枪打中了老象的脑壳，就在老象庞大甚至略显笨拙的身躯轰然倒下后，奴古的孩子从老象身后的墙缝里钻了出来，他毫发无损，像平常一样爬上老象的身体，而此时的老象已经奄奄一息，眼见就要断气。

奴古终于恢复了理智，他明白了，是万恶的森林狼光顾了他的家，老象是为了保护他的孩子才弄得浑身是血。从现场痕迹来看，应该不止一只森林狼，这些家伙联合起来的攻击力，即使是奴古也只能逃命，但此时，奴古的孩子仍旧安然无恙，而拼命保住了孩子的老象，却已经死在了自己手中。终于想明白整件事的奴古伏在大象身上号啕大哭，但一切为时已晚。

没有人可以完全了解另外一个人的真实想法，更何况是一头大象。老象拼死保护了奴古的孩子，最终却死在了奴古的手中，虽然奴古最终弄清了事情的经过，但事实已经形成，最大的悲哀，也莫过于此吧。

心理学家布罗德本特通过研究发现，人类社会的战争之所以频发，实际上并不是因为利益的争夺，而是因为意识形态的不同。换句话说，是大家的想法不同，至于造成这一情况的原因，就是未能建立起有效的沟通机制。国家和国家之间如此，民族与民族之间如此，人与人之间同样如此。利他主义者可能认为，帮助别人总归是一件好事，即使别人不曾心怀感激，至少也不会心存怨恨，甚至打击报复自己。实际上，这种想法是充满局限性的，因为在这个世界上，好心做错事总有发生，这其中的原因就是我们总是按照自己的想法行事，而付出的心理又会在无形中加剧这种想法。所以，在我们对别人实施帮助的时候，也许根本就不了解别人想要的是什么，或者他们会怎么看待我们的帮助。总结来说，**付出同样需要沟通作为前提，只有相互了解，相互信任，才能使其他一切事物的进行得到保障。可见，所谓无言的付出，实际上是一种多么可悲的行为。我们甚至可以这样说，高调的付出无可厚非，但无言的付出并不值得赞赏。**

小贴士

美国心理学家奥尔波特指出，学会沟通，加强了解，是增进感情和交流的基石。不管是家长还是孩子，都要大胆说出自己的爱，不要让自己的爱变得无言，更不要让自己成为“奴古枪下的老象”。

4
忘我的付出才是世间至真至美的爱

我们有理由相信，父母对子女的爱，是这个世界上最伟大的爱，父母对于子女的付出也无疑是世间最无私的付出，可以说，在子女面前，所有的父母都是利他主义者。“树欲静而风不止，子欲养而亲不在”，为防遗憾发生，父母也最应该成为我们的利他主义对象。心理学家詹姆斯提示，在当今这个物质文明高于精神文明的社会，重拾亲情，回归家庭，也许是消除身心疲劳，得到安全感和感受温存的最佳途径。

美国心理学家罗特表示，亲情往往是维系和击溃人类精神防线的关键因素，在很多违法犯罪现场，心理学家们都会与犯罪分子对峙。这个时候，他们通常可以利用亲情攻势突破犯罪分子的精神防线，迫使犯罪分子为了自己的父母放弃抵抗，避免他们犯下更加严重的罪责。而父母在自己的孩子面前，即使性格懦弱，往往也会表现出强大的勇气甚至是智慧，这一点，就连动物也不例外。

威尔逊是一名野生动物保护专家，但20世纪80年代，他却是美国西部著名的木材供应商。当时，威尔逊每年都要数次经过新墨西哥州运送大批木材，然后交给批发商，转而销往世界各地。新墨西哥州多荒漠，水资源匮乏，准备充足的淡水是威尔逊车队每次商旅的必要工作。1986年的夏天，对于美国来说这又是一个干旱的季节，而新墨西哥州的情况尤其严重。在这里，每天的日照时间超过15小时，而且没有降雨也没有风，太阳炙烤下的沙漠简直像是一片黄灿灿的金子，只有威尔逊车队掀起的滚滚黄沙证明这里还有人迹存在。在经过一个狭窄的谷口时，威尔逊的车队停了下来，按照习惯，这是他们旅途中的一个休息地，因为在这里可以得到一点少有的阴凉。

像往常一样，大家聚在一起谈笑并补充淡水以及食物，可就在大家谈笑风生的时候，一只野牛出现在了谷口，因为那只野牛只是远远地在谷口徘徊，大家也没有过多的关注。休息过后，大家上车出发，可当车队即将开出谷口的时候，大家发现，原来这只野牛是来拦路的。消息很快传到了押队的威尔逊车内，野牛拦路，这种事还是威尔逊第一次遇上，他搞不明白这种见了人总是调头就跑的野生动物，今天怎么会大着胆子拦他的车队。等到威尔士来到车队前方的时候，那头野牛已经被驾驶员抽出了好几道血印，可这头野牛不声不响，就是不肯让开道路。威尔逊马上阻止了驾驶员的举动，并询问他说：“你为什么要招惹这个大家伙？”

驾驶员一副无辜的表情，说：“向上帝保证，我没有主动招惹它。”

随后，一个年纪稍长的司机也来到了车队前方，威尔逊知道此人在沙漠的经验十分丰富，于是马上向他询问，此人看了看野牛干燥的口鼻，无奈地说：“看来这家伙是渴坏了，它想和我们要点水喝。”在场的所有人都感到惊奇，野牛向人要水喝，这种事情如果不是亲眼所见，谁也不会相信。威尔逊也没有其他办法，为了尽快让野牛让路，他只好命人倒了一盆淡水放到野牛跟前，希望如那位老驾驶员所说，这家伙喝了水之后赶紧让路。但是让大家没想到的是，这头野牛在水盆中舔了两下以后，却忽然仰天长啸，紧接着，在大家惊呆了的目光下，两只几乎刚刚学会走路的小野牛从山上跑下来，见到盆里的清水后，便闷头喝了起来。而那头大野牛却挡在了众人面前，明显是在保护那两头小野牛免受伤害，等到那两头小野牛喝够后，在大野牛的护送下一左一右地准备离开。

威尔逊被感动了，他看着那大野牛身上的血痕，马上吩咐人再去取点水，但那大野牛却根本没有停下喝水的意思，而是一副害怕的样子匆匆离开了众人的视野。望着野牛消失的方向，威尔逊禁不住问老驾驶员说：“这家伙靠什么活着？”

老驾驶员也是感慨万千，他叹了口气说：“难以想象。”之后，大家便各自回到了自己的车上，而威尔逊则希望能再次遇到野牛，对其提供帮助。虽然这只是旅途中的一段小插曲，但是给威尔逊的感触非常大，他想起了自己远在阿拉斯加的父母，自己小的时候，他们应该也是像那头野牛一样爱护着自己吧。自从威尔逊离家后，父母的五个儿女全部远离了家乡，父母现在生活得怎么样？他们是不是会想念自己的儿女呢？

正在威尔逊思绪万千的时候，驾驶员满怀愧疚地说：“威尔逊先生，也许我们该少卖一点木材。”威尔逊明白驾驶员的意思，正是因为他们的大量砍伐，才使很多野生动物失去了栖身之所。没有经过太多的思考，威尔逊便朝那位年轻的驾驶员认真地点了点头。在那次生意做完之后，威尔逊便乘飞机回到了家，并在父母的支持下，成了一名野生动物保护专家。

由于人类的强大，我们几乎成了自然界中所有动物害怕的对象。在新墨西哥沙漠峡谷中拦下威尔逊车队的那只野牛应该也不例外，但它还是勇敢地站了出来，并在驾驶员狠命地抽打下毫不退缩，所求不过是让自己的孩子喝上一口淡水。可它应该知道，自己为此可能会被猎杀，甚至可能会被卡车撞死，难以想象，面对人类的威胁，一头野牛需要多大的勇气。然而，它最终做到了，因为对孩子的爱。

小贴士

在美国社会心理学家奥尔波特的研究资料中，最能触动人类心灵的，往往并不是人类自己的故事，而是自然界中那些原本应该与我们共同享有这个地球的动物。而在它们的故事当中，最让人类感到不可思议的，又往往是亲情所系。他还表示，亲情是维系人类传承和世界发展的根本所在，但就目前的研究资料来看，这个范围应该扩大至地球上的所有动物。而这一感情中至关重要的部分，应该就是忘我的付出和无畏的爱。

5

完美的利他主义者：助人为乐有正道

在现实生活中，我们不能要求每个人都是利他主义者，毕竟，这种人是以牺牲自己的利益为前提的，任何想要要求别人牺牲利益来成全自己的行为，都是无理的，尽管这种无理会被利他主义者认可。心理学家罗特表示，在这个世界上，最大的快乐就是在帮助别人的过程中得到快乐。这绝非一句空话，当今社会，人们的追求各有不同甚至千奇百怪，但说到底无非一个利字，正所谓“天下熙熙，皆为利来；天下攘攘，皆为利往”。当然，很多人求名也是为了求利，但真正的名，必然是排在利之后的。

而至于名，通俗的理解就是别人或者历史对一个人的评价。对于每个人来说，很简单也很现实的是，帮助别人就可以得到好的评价。于是，得到一个好的评价就成了很多人毕生的追求。**香港的邵逸夫先生是国际知名的影视巨头，曾经有人问他长寿的秘诀，他说：“我很快乐。”当人们问他怎样才能获得快乐后，他说：“帮助人就是我最大的快乐。”**所以，邵逸夫先生的诸多头衔中，永远都伴有一个固定的称谓，那就是慈善家。他在中国内地没有任何生意往来，但累计捐助医疗和教育事业却达到了数十亿港元，他的捐助可谓不带有任何商业目的。当然，并不是每个人都能拥有邵逸夫先生的雄厚财力，但帮助人的方法有很多，而关键要看行为人有没有这个意识，也就是有没有利他主义思想。

菲斯特夫妇在美国新泽西州经营着一家小型服装加工厂，虽然规模不大，但夫妻俩经营有方，经过十几年的积累，也拥有了傲人的财富，在这个被称为“花园州”的地方，一家人的生活美满幸福。第二次世界大战爆发后，美国最终不可避免地卷入战争，很快，全美范围内的征兵开始了，菲斯特夫妇的儿子乔治怀揣着一颗保家卫国的决心也来到了抗战前线。乔治走后，菲斯特夫妇二人陷入了整日的担忧之中，他们四处走动，花费了大量钱财结交军界要员，终于将乔治安排在了一个相对安全的职位上。1945年，在对日作战结束后，幸运的乔治活了下来，并于同年回到美国，但他并没有马上回到新泽西州的家，而是住进了军方为他准备的疗养院。等待乔治归来的菲斯特夫妇焦急万分，不过还好，他们很快等来了乔治的电话。在电话里，乔治语气沮丧，声音低沉地说明了尚未归家的原因。

原来，乔治在战争中结交了一个生死兄弟，二人曾发誓荣辱同存、生死与共，但是很不幸，乔治的朋友在战争中失去了双腿，他现在不得不留下来照顾他的朋友。菲斯特夫妇听闻详细情况后总算放下心，毕竟自己的儿子在这场战争中安然无恙地活了下来。但乔治又在电话里对他们说，他的这位朋友已经没有亲人，他想让这位朋友到家中一起生活，并照顾他的后半生，希望父母同意。菲斯特夫妇对此明确表示反对，他们对乔治说，他们有自己的生活，不能因为一个人而连累一家人。不过，他们愿意帮他申请社会援助，解决他的生存问题，并在日后的生活中为他提供一定的帮助。

当天，乔治在电话里和菲斯特夫妇聊了很久，但在那之后，乔治却一直没有回家。一个月后，焦急万分的菲斯特夫妇突然接到警方电话，通知他们乔治已经死于自杀，希望他们尽快去认领尸体。夫妇二人无论如何也不能相信，他们很快驱车前往了当地警局，毫无疑问，死者正是他们的儿子乔治。而让他们没有想到的是，此时的乔治已经被截去了双腿。事实是这样的，乔治根本没有什么生死与共的朋友，在战争中失去双腿的那个人就是乔治自己。最终，乔治因为没有勇气面对自己的父母和将来的生活，黯然选择了自杀。

菲斯特夫妇后悔莫及，他们万万没想到最终会是这样的结果。如果他们知道失去双腿的人是自己的儿子，又怎么会抛弃他不管呢？但事已至此，悔恨已经没有任何意义。两位老人只好流着泪为儿子举行了葬礼，送他走完了人生的最后一程。

在这个事例中，没有对与错，也没有是与非，有的只是人性在利他主义精神面前的卑微与狭隘。菲斯特夫妇也许该为他们的决定忏悔，但他们的儿子乔治却显然更加无知，和失去儿子的老人相比，失去双腿的痛苦又是多么不值一提。要知道，在整个第二次世界大战过程中，包括中国战场在内，因战争死亡的人数达到数千万，致残者更是不计其数。而乔治不过是千万人中的一个，和那些在战火中失去生命的战友相比，他又是多么的幸运。乔治最终选择死亡，除了显示他的狭隘之外，这个家庭的遭遇，又是多么的让人怜悯。

还好，在利他主义精神面前，并不是所有人带给我们的都是阴晦。

在战争中失去双腿的鲍伯，回国后全身心投入到了假肢的研制工作中。经过十余年的努力，鲍伯公司的假肢生产技术达到国际领先水平，旗下的数十款产品行销全球，为无数残疾人士提供了近乎完美的肢体再造，使他们过上了正常人的生活。鲍伯也一直使用本公司生产的假肢，他走起路来稳健有力，如果是不认识他的人，完全不知道这是一个已经失去双腿的人。除此之外，鲍伯还利用自己的成功经验四处演讲，将自己的顽强精神进行最大限度地传递，让更多与他有着同样命运的人重新拾起了生活的信心。每次在大家面前演讲，鲍伯都会当众掀起自己的裤管，而这个时候，会场的掌声也总会让鲍伯热泪盈眶。他会想起在战争中失去生命的战友，会想起自己的艰辛历程，于是，他便想着将美好传递给每一个人，想着将利他主义精神进行到底。

著名心理学家罗森塔尔对此表示，虽然利他主义者在现实生活中也总是能够得到别人的帮助，他们在物质层面也并非一直处于付出状态，但对于他们来说，精神层面的享受无疑才是最主要的。要知道，任何物质生活，实际上都必然是为精神生活服务的，在别人对利他主义者报以感激之情或者对他们做出感激行为的时候，利他主义者在得到莫大心理满足的同时，也完成了世间最为高贵的感情传递。

然而，很多人也许并不知道，每个人心中其实都藏有一份利他主义情怀，所以，即使是那些看上去自私自利的人，在他们人生的某个时刻，由于某种看似偶然的原因，还是会做出一些深具利他主义情怀的事。另一方面，热心于利他主义行为的人，也并非都是笃定的利他主义信奉者。因此，这个世界上并不存在绝对的利他主义者或者非利他主义者，我们每个人在生活中都在不断地进行着角色转换，也许这一刻你还是一个自私自利的人，但在下一秒钟，你可能已经是一个完美的利他主义者了。

6

擦亮双眼：你的付出值得吗？

在军事用语中，有这样一条被世人所公认的道理，即对敌人的仁慈就是对自己的残忍。所以，古今中外的很多军事将领，宁愿担下杀俘的罪名，也不愿意“放虎归山”，留作他日隐患。这个道理实际上不仅适用于军事，在其他很多领域，包括在我们的日常生活中同样适用。巴顿说，军队对人民最大的贡献就是杀死敌人；释迦牟尼说，如果杀死一个人可以拯救一万个人，那么我愿意担下这个责任；孔老夫子说，“以德报怨，何以报德”，所以，应“以德报德，以怨报怨”。

通俗地讲，利他主义者的付出对象，并非不加任何限制。而更深一层的含义是，利他主义者的付出，可以不计回报，也应该不计回报，但一定要关注利他行为所产生的影响。例如，利他行为的承受者是承认利他主义精神的，当然，最明显的判断依据就是他是否心存感激。如果承受者是心存侥幸，甚至目露鄙夷，那么利他主义者只要独善其身就足够了。其次，利他行为对于局外人的思想认识可以起到正面作用，也就是说利他行为要受到主流观念的认可。这样一来，利他行为所产生的影响就是积极的，反之则需要行为人停下来进行仔细思考。需要提出注意的是，一旦利他行为者未能准确把握行事分寸，那么不仅会使利他行为失去意义，同时，也会影响利他主义的传播以及利他主义者本身的积极性。

心理学家罗森塔尔表示，不愿成为一名利他主义者，或者不承认利他主义精神的价值，是一件无可厚非的事，我们每个人都不能对此进行强求。毕竟，每个人都有自己的信仰自由，这个世界也正是因为有着不同性格和信仰的人的相互作用而精彩。但在现实生活中，总会有这样一群人，他们不会因为得到帮助而对施助者心存感激，甚至会为了谋求自身利益而故意伤害施助者。在这类人的思想意识中，从来没有信任和相助，有的只是尔虞我诈，相互利用。所以，他们认为对于别人的付出和自己的巧取豪夺，是理所应当并且心安理得。基于上述种种原因，就要求利他主义者审时度势，在具有坚定信仰的同时，也必须要具备足够的智慧，至少要具有慧眼识人的能力。

麦卡迪是一名美国加州的牧师，他早年加入基督教，完全信奉上帝的意识和普世价值。与此同时，麦卡迪也有着不错的家庭背景，生活可谓幸福美满。一年冬天，一支国际医疗小分队来到麦卡迪所在的教堂，对战争和疾病给非洲人民带来的灾难进行宣传。麦卡迪深受感染，42岁的他随即决定加入这支小分队。两周后，小分队准备妥当，他们从美国本土出发，走海路经喀麦隆进入尼日利亚境内。这支医疗小分队主要由美国国际医疗人员组成，并在国际红十字协会的支持下，前来为当地爆发的传染病患者进行救治。而麦卡迪则在大家的帮助下，很快建起了一座教堂，誓将上帝的福音传遍当地。后来，在医疗小分队成功完成任务并撤走后，麦卡迪却坚持留了下来，并义务担起了为当地人讲学、治病和科技指导的工作。麦卡迪对当地人的帮助无微不至，很受他们的欢迎，当地也很快形成了以麦卡迪所在村落为中心的集散地。麦卡迪看到因为自己的存在而使越来越多的人得到幸福，他的利他主义情怀也被激发到了极致，几乎不分昼夜地为当地人服务。

然而，不幸的事情还是发生了。这一年夏天，尼日利亚发生武装冲突，经过数天混战，联合政府军最终取得胜利，突森将军的反对派部落武装被彻底击溃，突森将军本人也受伤逃到了麦卡迪所在的村落。出于人道主义精神，麦卡迪对这位将军兼部落首领进行了救治，并在其哀求下帮他躲过了联合政府军士兵的搜捕，当天夜里，浑身是伤的将军便不辞而别了。然而，在听闻了这位突森将军的所作所为之后，麦卡迪已经隐约感到自己做错了一件事。当时的尼日利亚总统响应联合国号召，正在积极推进民主进程，这位突森将军却因为一己私利，鼓动整个部落反对政府号召，并曾有过疯狂屠杀少数民族部落的记录。就这样，五年之后，突森卷土重来，由于他准备充分，政府却在此时因为经济需要进行了大量裁军，突森发动的武装暴动势如破竹。最终，执政部落首领被赶下台，其部落人民也遭到惨绝人寰的大屠杀，尼日利亚全部陷入战乱之中。

战火很快蔓延到了麦卡迪所在的部落，由于当地的部落曾经支持过政府军，因此，也遭到了残酷的屠杀。当一伙突森将军的士兵冲入教堂时，麦卡迪正在给一名伤员做手术，为了不受打扰，他立即要求这伙士兵出去，天真的麦卡迪根本不知道这些疯狂的士兵是来杀人的。这伙士兵根本没有在意麦卡迪的举动，但因为他是白种人，于是有人跑去通知。这名指挥官在看到麦卡迪为当地人做手术后，顺手做了一个杀头的动作，麦卡迪随即便遭到残忍杀害，当地部落也全部遭到屠戮。

由此可见，麦卡迪无疑是一名利他主义者，为了远在非洲的陌生人，他毅然放弃了美国的舒适生活，一心为当地部落的幸福和文明付出辛勤努力。在疾病和战乱频发的非洲腹地，麦卡迪当然知道自己随时会送命，但他无论如何也不会想到，自己的性命最终会葬送在自己救下的人手里，虽然并不是直接死在他的手里。而且最重要的，同时也是最不可原谅的是，正是因为麦卡迪的一时仁慈，才使无数人遭到了屠杀，即使是活着的人也被迫陷入了水深火热之中。

对此，著名心理学家瑟斯顿表示，利他主义人格是可贵的，从更高的角度来看，这种信仰与上帝的意识同在，使世间温情得以传递，也是人类文明的火种。但事实上，并非所有人都值得帮助，对于

那些自私自利且崇尚粗暴的人，如果不能从思想上进行改造，拯救他们的生命，无异于拯救了一个魔鬼。而在邪恶和野蛮面前，文明几乎不堪一击。所以，利他主义精神有的时候甚至需要反其道而行之，运用同样简单粗暴的方法将邪恶力量扼杀，更不用说对他们进行帮助了。

小贴士

利他主义者肩负着传递文明火种的责任，只有在点燃和照亮别人的同时，努力进行利他主义的传播，最大限度地聚拢和发展具有相同信仰的人，光明才可以普照大地，温情才可以永驻人间。而在现实生活当中，也唯有大力推行利他主义精神，才可以消除人与人之间的猜忌、提防甚至是矛盾冲突，从而使整个社会得以和谐发展，繁荣共存。另一方面，也唯有如此，邪恶和野蛮的力量才可以无所遁形，或者被消灭于无形。

7
给予过度——前行路上的无形压力

在具体的生活和工作过程中，我们经常可以看到有些人会犯一些非常低级的错误，有的时候甚至让人感到不可思议。在很多人看来，这样的失误完全可以避免，因为事情完全处在行为人能力的可控范围之内，并且环境也允许他们正常发挥。然而，这些即使交给普通人来做也可以圆满完成的任务，却总是在一些能力超凡的人手中出问题，这就需要引起大家的注意了。

对此，心理学家米歇尔在调查研究中发现，一个人的行为能力必然伴随着相应的心理素质，外部的压力越大，行为者的心理素质就应该越强大，即这种平衡一旦被打破，行为人的能力就会大打折扣，发生行为失常的现象，也就不足为奇了。众所周知，每个人的心理承受能力都是有限的，如果外部压力过大，行为人即使有天才般的能力，同样也会在具体行为中发挥失常，无法得到预期的行为结果。

卢旺达是位于非洲中部的共和制国家，由于连年内乱和自然灾害，该国的体育事业发展滞后并且非常缓慢。在历次的世界级大型体育赛事中，该国运动员很少有取得优秀成绩的，但是在20世纪90年代初，在该国军方所举行的一次运动会上，却出现了一位天才级的短跑运动员。这位不起眼的运动员名叫萨金利，在这次军队举行的赛事中，他毫无争议地取得了百米短跑冠军。由于表现太过抢眼，萨金利很快受到了卢旺达国家体育部门的关注，最终，体育部门的官员向萨金利伸出了橄榄枝。

卢旺达的体育部门自从进入国家编制以来便形同虚设，毫无作为，萨金利的出现使他们欣喜若狂。经过测试，萨金利的成绩完全在世界同类项目一线选手之上，由于天纵奇才，经过简短的训练后，萨金利连续在几个地区性质的体育赛事中取得冠军。消息传回卢旺达国内，体育部门的负责人纷纷对萨金利产生好感和期许，并在他回国后对其进行了接见。威严的政府官员对萨金利大大赞赏了一番，并希望他继续努力，为国家的体育事业和荣誉作贡献。对此，萨金利感到诚惶诚恐，这个从深山老林走出来的大头兵，从来没想过跑得快点可以得到这么多的赞赏。尽管萨金利并没有太多的自信，但他还是尽力而为，希望自己的表现不至于让大家失望。凭借着过人的天赋，在接下来几个非洲国家举行的赛事中，萨金利先后三次成功摘得冠军奖牌。随后，萨金利的名字便在卢旺达国内传开了，他成了家喻户晓的体育明星，在当时，几乎每个卢旺达人都知道自己的国家有一位短跑天才。

1996年7月19日，第26届奥林匹克运动会在美国亚特兰大举行，萨金利代表卢旺达随队出征。此时的萨金利，虽然已经参加过国际级别的锦标赛，但初出茅庐的他仍然有些怯场，这从在每场比赛中他总是后程发力的情况便可以看出端倪，尤其是面对奥运会这样的国际级超级赛事，萨金利的紧张溢于言表。对于这一点，萨金利的教练员心知肚明，为了缓解他的心理压力，教练带着萨金利在赛前游览了美国的几处著名景点，并在途中一再与他进行轻松的交谈。在萨金利主动向教练问及赛事的情况后，教练轻松地说："凭你的实力，只要发挥正常，一定可以赢得冠军，放松点，不要有心理压力。"经过教练员的耐心指导，萨金利终于在赛前做好了充分准备，可以说，如果没有意外情况发生，萨金利的此次夺冠已经是板上钉钉的事，然而，意外还是发生了。

当时，由于卢旺达的体育事业长期处于低迷状态，该国领导人对此向来不闻不问。1996年亚特兰大奥运会赛前，卢旺达总统正好在美国进行国事访问，他早已听说自己国家出了一位短跑天才，并且对于冠军十拿九稳，于是迫不及待地在驻地接见了萨金利。萨金利长期生活在社会底层，做梦也没有想过会受到总统的亲自接见，紧张的情绪再次将他笼罩。而更让萨金利没想到的是，总统先生已经决定在他比赛时亲自到现场为他助阵。萨金利的紧张达到了极点，当天，萨金利几乎不记得自己是如何离开总统驻地并回到自己所在酒店的。据说，当萨金利的教练得知这一切后，再也没有对萨金利进行过任何指导，只是每天例行训练和适应场地。

7月19日，大赛正式开始，一直聚在萨金利心头的压力再次加重，当他踏上比赛场地的一刻，几乎感到窒息般的压抑。观众席上，总统先生如约而至，此时正在密切关注着萨金利的一举一动，这使萨金利紧张到可以听到自己的心跳声。发令枪响起，萨金利几乎是最后一个做出反应的，但他的天资仍使他在后程逐渐赶超，观众席上的总统先生也在这个时候站起身为他加油。短道速跑原本就是瞬息万变，当只剩下一个对手后，萨金利沉下一口气，准备拼死一搏。但这名选手同样实力强劲，死死地和他缠斗在一起，短短数十米跑道内，两人居然前后错身超过三次。关键时刻，萨金利的天资再次发力，终于使他渐渐取得了优势，然而就在最后关头，萨金利居然脚下一空，摔倒在跑道上，瞬间从第一名变成了最后一名，这对于经过层层预赛，过关斩将杀入决赛的萨金利来说，简直就是噩耗。

原来，萨金利因为过于紧张，在关键时刻腿部抽筋，并因此摔倒，痛失冠军。而更严重的后果还在后面，由于此次事件使萨金利遭受了各方面的压力，最终给他留下了心理阴影。在那次赛事之后，萨金利但凡遇到紧张的事情，他的腿部就会马上抽筋，别说继续跑步，想要动弹一下都难，所以萨金利也就此结束了他短暂的运动生涯。

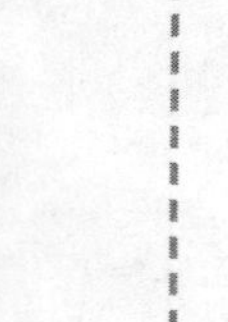

可以说，萨金利是个短跑天才，这一点毋庸置疑，但是很明显，他没有做好面对一切的心理准备。他原本参加军方的比赛只是由

于兴趣，因此他的天赋得以充分发挥，在比赛中才能气贯长虹，接连战胜对手。在进入体育部门后，萨金利的能力得到了进一步体现，随即，几乎整个国家的人民因他而感到自豪，人们将荣誉、赞赏甚至崇拜的目光慷慨地给予了萨金利。对于这一切，萨金利明显是惶恐不安的，他不知道自己能不能担负起大家的期待，自己是否能击败所有对手。在这种情况下，他的心理负担就成了最主要的障碍，为此，教练对他进行了指导，并初步见到成效。可惜人算不如天算，总统先生突然出现，并毫无保留地表达了自己的赞赏和期许。而之前，世人给予萨金利的赞赏明显已经过多，这其中的压力绝对不是萨金利这个新起之秀可以承受的。

事实上，每个人都会在人际交往中表现出自己美好的一面，尤其是一些精英、强人和成功人士，他们看上去坚强、勇敢、富有智慧，身上围绕的几乎都是耀眼的光环，然而在人们所看不到的地方，这些人又是焦躁不安的。已经取得的成功会成为他们的负担，天赐的能力会成为他们被迫前行的累赘，而世人的期许也会成为他们无法停步的推动力。总而言之，他们已经被纳入了一个怪圈，必须时刻不停地阔步前行，直到无法承受的那一刻。对此，心理学家米歇尔提示人们，**适当地给予可以鼓励行为者进步和成长，但过度的给予无疑会使行为人感到压力，这会对行为人的成长和进步产生负面作用。**

第四章

一眼看穿成就型实干主义者的心理特征——我若没有成就，就没有人会爱我

九型人格中有这样一种人，他们喜欢追求成果，而且始终认为“我若没有成就，就没有人会爱我”，这就是成就型实干主义者的性格特点。这种人十分厌恶一事无成的人，他们追求有价值和有成就的人生，并希望得到别人的高度认可。

这类人既争强好胜、勇于接受挑战，又夸大自信、处世圆滑，他们有时候会为了心中的成就和得到别人的认可而不惜一切代价，甚至是利用身边的人，因此这种人在心理上有“左手天使，右手魔鬼”的特点，这也是他们双重性格的体现。总之，这种类型的人希望自己能够拥有比别人强大的成就，渴望成为众人的焦点。当然，这离不开实干精神，实干主义者始终坚信字是一笔一画写出来的。

1

左手天使，右手魔鬼：成就型实干者的“秘密武器”

九型人格中第三种人物性格属于成就型实干主义者，这是一种孜孜不倦的实干特点。当然所谓的孜孜不倦在这类人的身上就有着一些不同的概念了。

这种人往往将自己的成就放在第一位，他们追求的是实质性的成果，并且始终认为“我若没有成就，就没有人会爱我”，并且将其作为自己的座右铭。他们内心惧怕没有成就且一事无成的样子，他们希望人们接受，并且渴望过一种有实质性价值的生活。

这种人为了达到自己的成就，可以孜孜不倦地工作、忙碌。他们用成就来衡量生活中的一切，用价值来评判一件事物的好坏，是典型的促动型人物。同时这类人也是实用主义者，他们非常在意自己在别人面前的表现，希望让人们看到自己最好的一面，当然也喜欢出风头。

另外，这类人还有一个不为人知的特点，那就是在这类人身上时刻散发着“左手天使，右手魔鬼”的气息。详细来说就是，这类人虽然孜孜不倦地追求成功，但是却十分看重名利。在顺境的时候，也就是当这类人取得一定成功的时候，往往表现得非常自信，而且浑身充满了干劲和活力，因此也就十分有魅力，比较受人欢迎，而且他们的这种孜孜以求和上进心也往往能够影响到周围的人。而一旦处于逆境，即一事无成的时候，他们往往会为了成功而不择手段，包括一些投机性的想法，这时候的他们往往自私自利，喜欢说谎，内心充满了杂念，所谓的“左手天使，右手魔鬼”就是这个意思，这便是这种孜孜不倦的成就型实干主义者不为人知的一面。

正如瑞士心理学家罗尔沙赫·赫尔曼所说，这类人既令人充满希望、带给人们积极进取的精神，同时又有虚假、不择手段的一面。因此，这类人就像是一条变色龙，把自己的事情看得比什么都重要，这种想法就像魔鬼一般扎根在他们的体内，形成了他们魔鬼般的特点。

他们强烈的好胜心扎根往往让自己心生一种权威感，并且时常会拿别人与自己比较，非常看重自己在别人眼中的形象，而且是一个工作狂。但同时又是一个欲望膨胀的野心家，希望自己成为一名成功者，成为所有人的焦点，这让他们变得十分有心计，处世圆滑，喜欢利用别人，经常让身边的人感到心惊胆战。另外，这种人很害怕与别人保持亲密的关系，这是因为他们内心有一种“做贼心虚”的感觉，他们害怕与别人相处的时候，将自己的缺点暴露在别人面前，他们不想让别人看到自己为了成功而产生的争胜表现，也不想让别人窥视到自己的心理。

因此，用“左手天使，右手魔鬼”来形容这类人一点也不为过，而且十分恰当。一半阳光、一半阴郁的性格让这种孜孜不倦的成就型实干主义者懂得如何来隐藏自己的特点，所以，人们很难读懂这类人的心理。

有这样一位成就型实干主义者，他是一名建筑工程师。几年前，他从新加坡来到了德国并开始他的建筑工程生涯。他刚到德国时，由于德语并不是很好，而且也没有得到永久的居留权，因此并没有找到合适的工作。但是他没有失去信心，为了自己的前程他曾经到一些废弃工厂做一些零工度日。而半年以后，他终于找到了一份建筑工程工作，但是这份工作却很苦，他的妻子曾经劝他回新加坡，但是他却执意不肯回去，并且认为回去是一件很丢脸的事情。他不想让新加坡的朋友或者家人认为自己一事无成，而且他认为灰头土脸地回去很没有成就感和面子，于是他决定继续留在德国开创他的事业。

在德国，为了能够在工程方面取得成就，他不惜一切代价地想要往上爬，他利用同事的关系得到了部门经理的电话，并且还将自己的作品快递到了经理家中，甚至还花费很长的时间等在经理门前。但是在同事面前，他却依然表现出一副刻苦努力、孜孜不倦、谦虚好问的样子，他甚至还曾抄袭过一个同事的方案。最终，他被经理提拔为组长，很快，他又通过同样的方法当上了科长。两年半以后，他竟然成为了部门经理。当上经理的他在人们面前总是表现出一副积极进取的样子，并且在他的领导下，他的部门取得了柏林建筑大赛的头等奖，为公司和他自己赢得了荣誉。

上述事例中的这个实干主义者，为了自己的成就和荣誉而不惜牺牲亲情、友情、同事之间的情意，但是在取得了成就之后又变得非常积极和自信，并且处处充满活力，带领自己的下属们取得荣誉。这就是这类人典型的“左手天使、右手魔鬼”的性格特点。

小贴士

实干主义者的目的只有一个，那就是取得成就，得到别人的敬仰，这也是他们的终极追求。实干主义者认为在实现成就的过程中是需要一些计谋的。但是不管怎样，这种人终究是积极进取、孜孜不倦的，他们乐于为自己的成就而不停地忙碌奔波，这对他们来说未尝不是一件好事。

2

过度的自信是走向成功的绊脚石

成就型实干主义者由于自己的孜孜不倦和兢兢业业，在社会生活中总能取得一些成就。而这种人一旦取得了成就，就会显得十分自信。这类人的自信比起一般人的自信是有过之而无不及，他们喜欢彰显自己的实力，认为自己的成就是靠自己一点一滴做起来的，那么日后在面对问题的时候总是认为自己一定能够处理好。

然而，心理学家费斯汀格认为，过分的自信，其实会给自己带来麻烦。

有这样一位成就型实干主义者的企业老板。他的某种产品刚刚出产，并且在市场刚刚有销售。当你问他如何看待自己的产品时，他说：“这是目前最好的一种产品。”而后来又过了一个月，他的公司又推出了另一种新的产品，这时候你再问他同样的问题，他的答案是：“这是最棒的产品。”他们的答案永远都是那么自信，这时候如果你再问他：“上个月你说你的那种产品是最好的，这次你又说这是最棒的……”此时他就会说：“上个月是当时最好的，现在的这种则是超级棒的。”这就是这类人的自信，他们往往过度地夸大自己，与此同时也会给自己带来不必要的麻烦。比如上述那位企业家，按照常规来说，如果过分夸大自己的产品，将会很少有人再买他们的产品，这就会造成产品的积压，从而不利于公司的发展。每个人心中都有衡量事物好坏的标准，并不是每个人都喜欢那种过分自信和夸大的口吻和性格。

孜孜不倦的成就型实干主义者，往往都有一个共性，那就是在自己认为没有成就或者是不值得将自己的成就拿出来炫耀的时候，他们会比较低调，通常这时候他们会孜孜不倦地进行着一些自己喜欢的事情。但是相反，一旦自己取得了一些惊人的成就，他们就会表现得非常自信和乐观，而且这种自信会被他们夸大。他们想要充分自信地表达出自己的观点和成就，渴望得到别人的敬仰和赞美，但是他们的这种过于自信，往往让他们遇到很多麻烦。

现今26岁的好莱坞当红女明星斯嘉丽·约翰逊因出演了《他没那么喜欢你》和《午夜巴塞罗那》而红遍好莱坞，这个年轻的女明星身上凝聚了玛丽莲·梦露和索菲亚·罗兰的影子，然而这位年轻的明星并没有随波逐流，成为大众心中庸俗的明星，她非常努力地在实现自己的明星梦。她做事情孜孜不倦，非常认真，年少的她就通过自己的刻苦努力和聪明才智得到了人们的认可，取得了自己的成就。

而她在生活中也非常低调，通过2008年她的婚礼就可以看得出来，她与丈夫举行了最隐秘的婚礼，没有人知道斯嘉丽结婚了。然而，在她的演艺事业上却恰恰相反，她穿着大胆出格的服装走红毯，让全美国众多的男女都为之倾倒。美国一家杂志评价斯嘉丽是集合了身材、容貌及智慧为一体的女星，更有人说，斯嘉丽更像是索菲亚·罗兰穿越时空来到了21世纪。可以说，这些成就都是斯嘉丽付出辛苦得来的，而她在这方面也充满了自信。

然而就是这样的一个年轻女星却因为自己过分的自信而在政治方面惹上了大麻烦。斯嘉丽曾经在公开场合谈过自己在政治上的一些言论，那时候就有朋友认为她太张扬，也有要好的朋友劝她不要跟政治搭上边，但是自信的斯嘉丽不但没有听从劝告，还在美国总统选举的前一周帮助奥巴马拉票，并且更为大胆的是她还曾主动向媒体透露收到“美国未来总统”寄来的邮件感谢函。这个结果引起了好莱坞乃至政治界的巨大轰动，人们认为斯嘉丽太自大了，以为可以借助自己的姿色和名气来向奥巴马示好。还有人讽刺斯嘉丽有些“花痴”，想要攀附政府要员，甚至还有人说是斯嘉丽是想要破坏奥巴马和米歇尔之间的婚姻关系等。这一系列的说法已经让斯嘉丽深受打击，面对这些传言，她慷慨地用女权主义来解释自己的行为，她说：“假如我是乔治·克鲁尼，你们这些媒体绝对不会这样写，竟然还以‘她企图破坏奥巴马和米歇尔的婚姻’这种态度来看我。”而后来更为尴尬的是，奥巴马特地为此发表了声明，他指出是斯嘉丽写信给他的顾问表示支持之意，他才回信给她的。这个信息在电视中还被频频播出。当时斯嘉丽有些哭笑不得，并且她自己也感到十分没面子。

后来因为这件事情，斯嘉丽在影视方面的发展受到了某种程度的阻碍，显然已大不如以前。可见，斯嘉丽过分的自信和高估自己在政治方面的能力给她带来了不小的麻烦。

小贴士

很多成就型实干主义者的失败之处就是过于自信。这类人实际能力并不强，他们总是选择夸大自己，而往往就是这样的自信会让他们遇上不少麻烦。因此这类人在社会生活中应该收敛一些，做到收放自如，才能够事事顺利。

3

争强好胜，勇于挑战：成就事业的助推器

成就型实干主义者在做事情的时候总是会将目标定得很高大，而且会下定决心去实现。他们渴望成就大于一切，把事情或者工作看得比什么都重要。因此这类人的精力总是很充沛，工作的动力似乎源源不竭，心理学家斯坎特认为，这类人在九型人格中是最争强好胜的人。

这类人喜欢待在一个充满竞争的地方，勇于挑战，争强好胜，而且他们在锁定一个目标之后，会全心全意地投入到这个目标中去，甚至可以为了实现自己的成就，不惜一切代价。他们相信，天下没有不可能的事情，所以这类人善于当领袖人物。这是这类人典型的性格特点。

美国总统奥巴马就是这样的一个人物，他具有成就型实干主义者的一些性格特点，比如，争强好胜、喜欢挑战，并且善于当一个首领级的人物。

1990年夏天，奥巴马当时还在上大学，这时候《哈佛法学评论》杂志正在为了挑选一位总编而发愁，这本杂志在美国非常有名气，而且当时的总编是第一代华裔于彼得，他是为数不多的华裔总编之一，很有才华。但是当时的奥巴马并没有想到要去参选这个总编，因为他那时候想得最多的就是毕业之后回到家乡从事普通职业，但后来却仅仅因为一个黑人同学的一番话而改变了决定。

当时，奥巴马与几个黑人同学一起吃饭，其中一个同学认为，即使是黑人参加竞选，白人也不会将总编的位子让给一个黑人来当。就因为这句话，奥巴马决定参加竞选，他抱着一种必胜的信念来参加竞选，他一定要给黑人争口气。其实细数《哈佛法学评论》这本杂志的历史，真没有一位黑人当过总编，这个挑战对奥巴马来说，无疑是巨大的，当然也是充满吸引力的，因为这件事情激起了他的争强好胜和勇于挑战的心理。因为他在这个杂志社已经当过一段时间的编辑，而且自己也有充足的法学经验，他成熟肯干，人缘又好，再加上没有黑人当总编的历史，他才要去尝试，他认为没有什么事情是办不到的。

当然，奥巴马的努力和智慧不但让他赢得了《哈佛法学评论》的总编，最终还让他赢得了美国总统的位子，而这无疑是美国历史上的一大奇迹，同时也充分体现了奥巴马那种争强好胜、勇于挑战的精神。

在生活中，这种类型的人踏实肯干，而且肯付出，喜欢接受挑战。有了这些准备，那么一个人若想要成功就不难了。

日本的索尼电子在世界电器历史上是数一数二的顶级品牌。然而索尼的创业之路并不顺利，但是索尼的创始人盛田昭夫却从不因为一次又一次的失败而放弃，他喜欢争强好胜、善于挑战，并且认为世上没有办不成的事情，这完全是因为他是一个典型的成就型实干主义者。他凭借着自己的创新、勤奋努力和踏实肯干终于在世界电器的道路上开辟了一条属于自己的阳光大道。

不得不说盛田昭夫是一个有想法且有野心的人。索尼当初陷入了电饭煲的滑铁卢，而且败得很惨，但是很快，盛田昭夫就果断地放弃了电饭煲的生产，反而转向了其他电器的制造。盛田昭夫曾经给索尼定过一个目标：要打造世界民用电器之王。于是，他开始了新奇的创业之旅。他在一次去美国基地的时候发现了一台几乎和那个桌面一样大小的录音机，于是他瞬间萌发了一个念头，他要制造一种小型的录音机。这对于当时制造电饭煲的索尼来说是一个非常大的挑战，对盛田昭夫来说更是一个大的挑战，但是他那争强好胜的思想逐渐蔓延开来，他认为应该要制造一台小型的随身携带的录音机。他花费了千百个夜晚在油灯下一次次地用毛笔在塑料带上涂抹磁粉，最终他实验成功了。他又一次次地带着自己的产品亲自跑去敲开世界各地经销商的门，最后他成功了，这种小型的便携式的录音机出现在了世界各国的商场中。人们可以在大街上将一场音乐会毫不费劲地装进衣服口袋里，走到哪，听到哪。盛田昭夫还根据人们的不同需要将随身录音机打造成价格不同、功能不同甚至颜色不同的类型，全球每个角落里都有索尼的影子。人类历史上第一次有了随身听（Walkman），这种随身听也成为索尼的镇山之宝。

盛田昭夫要是没有争强好胜、喜欢接受挑战的性格，或许他还会停留在制造电饭煲的层次上，如果盛田昭夫不认为世界上没有办不成的事，那么他也许会学着美国人制造体积庞大的录音机，但是绝对不可能会想出制造迷你型的随身录音机。因此，争强好胜、勇于挑战在一定程度上对人们来说是一种不断前进的力量和动力。正是因为有了这种动力，这类人内心才会有一种不怕任何事情的干劲，才会认为没有办不成的事，源于这些条件，一个人的成功就显得轻而易举了。

这种人在生活中如果将自己的争强好胜和勇于挑战发挥到最高水平，那么他们将会在事业方面有所成就。在这个过程中可能会有坎坷和不顺，但是苦尽甘来的幸福将会成为这类人最大的安慰，这也是他们极力追求的。

小贴士

心理学家奥尔波特认为与这种人相处，应当积极配合他的做法，面对那些有创意、新奇的想法要表现出赞同之意，接受他们的新奇想法，唯有这样，才能促使他们努力奋斗，最终也才能够获得成功。

4

踏实本分是好的，但却不能停滞不前

著名的心理学家奥尔波特曾指出，不要以为成就型实干主义者都是那种有长远目标规划和奇思妙想的人，其实，有些成就型实干主义者在工作、生活中只是孜孜不倦、踏实肯干，从来不懂得变通，他们在工作中甘愿当一个勤奋的“老黄牛”。

因此，这种成就型的实干主义者更多地侧重于实干，而不在乎成就。他们每天都在进行着相似的工作，最终其人生的轨迹也都是如出一辙。

马克年轻的时候在高中的篮球队里是一名灌篮高手，他英俊的外表和优秀的灌篮技术让他有很大的机会去美国著名的体育大学深造，而一旦混出个什么名堂，最后收获的回报也将是非常可观的。但是这样做也是有风险的，运动竞技竞争的激烈程度是非常残酷的，马克认为，与其用自己的前途做赌注，倒不如稳妥一点更好，所以他放弃了这次机会。

后来发生的一切就像是安静的湖面一样，平稳有序，波澜不惊。马克做了一个称职合格的丈夫，后来又成为了三个孩子的父亲。33岁的时候，有一天他的妻子给他寄来了离婚协议书，原因是他太过无为、平庸。

当马克拿到妻子寄来的离婚协议书时，他才恍然大悟，原来自己这些年来一直都是碌碌无为和踏实苦干地生活着。结婚之后找到了一份普通的公司职员工作，这份工作收入虽然稳定，但却不高。十多年过去了，马克依然在这个岗位上兢兢业业、孜孜不倦地工作着，慢慢地他成为了一个非常平庸且发了福的中年男子，没有任何作为。而且在过去十年时间里，马克的工资只涨了不到1000美元，除去日常开销，他的年收入也只有3万美元。如今马克回想着这一切，心中感慨万千。这时候，一方面是妻子嫌弃自己碌碌无为、平庸苦干；另一方面公司最近宣布要裁人，自己很可能因为多年没有出色的业绩而被裁掉，此外，自己的孩子们也不理解自己，不愿意与他交心。想到这些，马克心中感到十分沉重，他不知道该如何挽回自己的感情和事业。他做了二十多年的“老黄牛”，显然已经筋疲力尽，但却没有得到任何好的回报，他伤心难过，最终得了一场重病。

在生病期间，他的妻子对他照顾有加，孩子们也都围在他身边，这让他看到了希望。妻子也向他说明了自己的想法，孩子们也都吐露了心声。原来妻子和孩子们都是爱他的，只是他的孜孜不倦和踏实苦干已经让他成为了一个再平庸不过的人，没有生气和活力。妻子无法再待在这样一个死气沉沉的家里，于是才要离婚。马克终于明白了，自己应该为了挽回妻子和孩子的感情而改变自己的生活。

马克在大病痊愈之后，开始了一种新的生活。首先，他向公司递交了辞呈，虽然当时的人事经理表面上极力挽留，但是马克明白，经理心里巴不得他赶紧离开公司。离开公司后的马克来到了自己的母校，找到了当年的老教练，讲述了自己的生活遭遇，最后得到了老教练的推荐，马克成为了学校里的一位助理教练。

凭借着过人的天赋，马克没用多长时间就在这一行干出了名堂，原来的老教练退休之后，马克就成了这所大学的主教练。在随后的5年时间里，马克率队打出了143胜83负的超高胜率。到了2005年，马克41岁的时候，学校和他签订了一份为期6年的合同，平均年薪100万美元！这个时候，人们才真正认识到了马克的实力，并且尊敬地叫他的全名马克·戈特弗雷德。

令马克备感高兴的还有，他可以专心地教儿子打篮球，闲暇之余和妻子去电影院看老电影，假期全家出去旅行。在这些全新生活的体验之后，他的妻子也回到了他的身边，儿女们也愿意跟他交心，他现在生活得非常开心。

一个人踏踏实实、本本分分地工作也许并不是一件坏事，但是通过以上事例可以看出，马克的生活差点就毁在了一事无成、平庸无为上。这足以说明一个人要想活得充实和有活力，不能当那些碌碌无为的“老黄牛”。那些实干主义者们只注重实干，而忽视了对人生价值的追求。**因此法国心理学家拉加什·达尼埃尔认为，成就型实干主义者要想踏踏实实是可以的，但是千万不要做那拉破车的“老黄牛”**。

其实，这些踏踏实实做“老黄牛”的实干主义者，内心也是想取得成功的，只是没有付诸行动，这主要是因为他们内心比较软弱。这类人本身就处在一个相对矛盾的环境之中，自己的内心明明是想要取得成功的，但是现实中这类人往往不是没有那种能力，就是没有那种决心和魄力，因此总是会违背自己的内心，任由自己默默地埋头苦干。甚至有的人还天真地以为只要自己踏踏实实地工作，不触犯公司的规定和制度，保证完成工作就可以顺利地升职或者是涨薪水，但是现实却并不如他们所愿。现实的社会竞争相当残酷，如今停滞不前并不等于停在原点，而是不进则退，只要稍作停留身后就会有无数的企业大军向你扑来，因此一般的大公司最不缺的就是这种踏实苦干、停滞不前的员工。一个人光靠自身的努力和实干是不能达到成功的目的的，必须要借助外力，充分地利用资源和统筹安排，而这就需要一个非常有智慧的头脑和一颗敢于冒险的心。

有位伟人曾经说过“造船，不如买船”，这个道理非常清楚，且明显地指出了，埋头苦干的蛮劲不如巧妙地利用买船来有效地扩大生产。只懂得踏实苦干的实干主义者不光是在工作中实现不了自己的梦想，在家庭生活和友情天地中也得不到好的眷顾。就像上述事例中的马克一样，妻子的离开，孩子们的疏远，让他的生活失去了色彩，从而变得十分平淡乏味——这是任何人都不想要的。

小贴士

心理学家奥尔波特认为，实干主义者应该多参加一些社交活动，并逐渐融入大环境中，因为沟通和交流是最重要的。只有让这种人了解一些时事或者是身边不断发生变化的事情，才能让他们有机会体验新鲜的生活，从而更好地学会变通。

5
享受成功，得到别人的认可有利于铸造自己的成就

成就型的实干主义者是典型的促动者，这种人非常享受自己取得的成就，享受那种被人肯定和认可的感觉，这种感觉就是他们为之奋斗的动力，也是心理上的一种满足。

玛格丽塔·布雷恩是一家广告公司的女老板，她是一位干练且强势的新时代女性，由她统领的拥有上百人的广告公司位于曼哈顿的高级写字楼里面。然而，这样的一个女性在没有从事商业之前仅仅是一名普普通通的家庭主妇，也许你会问，是什么让她走出来，并成为了商业女强人的?

玛格丽塔大学毕业之后便和丈夫劳森结婚了，没多久他们就有了一个可爱的女儿。劳森不想让玛格丽塔出去工作，于是玛格丽塔就在家做起了全职太太。但是两年以后丈夫的出轨和公司的破产让玛格丽塔身心俱损。破产之后的劳森整日酗酒，并且张口就骂玛格丽塔只知道做饭、洗衣、带孩子，没有工作能力。面对丈夫的破口大骂，她认为是时候离开这个表里不一且自私自利的家伙了，于是她断然与丈夫离婚。

离婚后的玛格丽塔突然像变了一个人似的，她一人带着孩子去了纽约，开始了她的打拼之路。玛格丽塔回忆说：“那段经历真的很苦，但是，工作和忙碌带给我的那种充实和成就感是我从未有过的体会，我很享受那种被人肯定的感觉。”或许是因为她的潜力无穷大，也或许是因为她看透了女人的脆弱心理，但是更多的是因为她内心的

那种成就型实干的性格特点被激发了出来，她一个人带着女儿，穿梭在曼哈顿的高楼大厦之间，凭借着大学里学到的知识和自己的潜力，她的公司开始逐渐走上广告商业正轨。

就这样，从一间小的广告制作公司慢慢地步入到中型广告企业，玛格丽塔的广告生意接踵而来。随后她的公司发展很快，她租了大的写字楼，开始雇用了几个职员，再后来，她成为了一名干练的女强人。如今的她，被越来越多的人所肯定和认可。

玛格丽塔说："离婚之后的我，忽然发现，自己与劳森结婚就是一个最大的错误，我太喜欢我现在的生活和工作了。现在的我认为，就算自己没有爱情也不能没有事业。一个女人只有在经济上独立了，才能受到人们的尊重。现在回头看看我以前的那些邻居和朋友们，她们都还在家里做全职太太，她们大多数被自己的丈夫和旁人看不起。而我过去也过着那种生活，真不可思议！幸好我只过了两年那种日子。我觉得一个女人要是没有成就，一事无成的话，生活将会毫无意义，也没有任何的价值可言。现在我成功了，家人爱我，朋友们都羡慕我，而我也喜欢这种被人羡慕的感觉。当然我在做事情的时候，如果遇到了困难，不管用什么代价和方法我都会去完成它。"

从玛格丽塔的话语中能够充分地看出，在她的性格中有90%的成就型实干主义者的特点。如今的玛格丽塔做事果断、说话语速也很快，已经成为了一名标准的成熟商业女性。

小贴士

成就型实干主义者的特点就是这样乐于享受自己的成就，沉浸在别人的赞赏和羡慕之中，他们为了自己的成就可以放弃和牺牲一切。美国心理学家米歇尔认为，在与这样的人打交道的时候，最好恭维他，适当地表现出一种崇拜和羡慕的举动，这样可以让这类人在心理上得到满足。

6

实干的原始魅力
——三分才华加七分实干铸就辉煌的人生

在现实生活中，我们身边永远不缺乏那些向往成功的人，但是真正的成功者却寥寥无几。在这些憧憬和向往成功的人当中，每个人都认为自己很有才华和本领，但却很难成功，这其中的一个重要原因就是他们没有踏踏实实地去做事，没有努力地去奋斗。在成就型实干主义者的队伍中，也有这样的一批人，他们向往成功却没有成功，显然是因为他们要么只有想法不踏实地去工作；要么就是没有才华和想法，只知道埋头苦干当“老黄牛”。众所周知，这两种情况都不可能取得成功。

其实真正取得成就的成功者都离不开一个公式——“三分才华+七分实干”，这也是成就型实干主义者成功的真正法宝。一个真正的成就型实干主义者所取得的成功都离不开艰辛的付出，这种人坚信，只要付出就有回报。**爱因斯坦曾经说过：“成功就像数学公式，即A=X+Y+Z。”**其中，A代表的是成功；X代表的是实干；Y代表的是正确的方法；Z代表的是不做无用功。可以说这是每一个成就型实干主义者取得成功的要点。而从这个公式也能看出，那些成功的成就型实干主义者往往很注重这种原始的实干魅力。

职场上那些才华横溢的人往往都十分高傲和好高骛远，而且心理上认为只要别人发现了自己的才华，自己就能够飞黄腾达，但是他们却忽视了怎样用一种正确的方法来让别人认识到自己的才华，所以他们可能一生都只活在自己营造的才华光环之中，没有取得什么大的成就。**而那**

些才华平平却不断升职的人，虽然在才华方面没有突出表现，但是却懂得怎样运用正确的方法和实干来赢得人们的认可和关注，进而让自己功成名就，这是一个成功的实干主义者所表现出来的本质特色。

林肯曾经说过："才华只不过是成功千万个条件中的一个，只有具备实干精神才能取得真正的成功。"可见，实干才是真正走向成功的阶梯。有这样一项调查，在众多的成功事业家中，大学毕业以下文化程度的成功商人占据了70%。这充分说明了成功依靠的不是满腹才华，更多的是需要踏踏实实，关键是要有正确的方法，将自己的智慧放在行动中。显然，那些成就型实干主义者取得成就的最主要原因就是原始的实干精神和魅力。

大卫·布朗是一名生活在英国的犹太人，同时也是早期的"马丁牌"赛车的创始人。他的成功主要来源于自己的实干。大卫的性格中有大多数成就型实干主义者的特点。大卫·布朗出生于1904年，从小父亲就教导他要有人生目标，踏实肯干，因此大卫从小就形成一种成功的模式——踏实勤奋加自己的目标和想法。大卫的父亲最早经营着一家小型的齿轮制造厂，但是利润很微薄，仅够维持生活费用。这位伟大的父亲并没有因此而放弃，他把希望寄托在了自己的儿子身上，于是他严格要求大卫。大卫的学习成绩在班里属于上等，但是他的父亲却认为，一个人要想成功不能靠学习成绩来衡量，于是每个周末他都要求大卫去自己的工厂，和工人一样从事艰苦的劳动。当时同班的很多同学认为大卫将来肯定没出息，长大后会和他父亲一样穷困潦倒，而大卫却全然不在乎这些。

大卫逐渐养成了一种艰苦奋斗的精神和习惯，他在父亲的工厂里学到了很多实质性的东西，并且他还有了新的想法，他认为汽车行业越来越受人们的喜爱，日后一定会产生一种以汽车为主的娱乐业，所以他给自己设定了目标，往汽车比赛这个方向发展。他的这种想法，在当时无疑是一种挑战和冒险，但是又不得不承认，大卫是有才华和头脑的，这个行业非常有前景。大卫的这个想法，他的朋友和同学也有想过，但是他们认为这种想法太过超前，而且实施起来非常困难。然而大卫并没有将这些困难放在眼里，他明白只有踏实肯干才可能成功，于是他毅然决定走这条路。他的实干精神，在这个过程中充分地体现了出来：成立自己的公司、贷款买设备、聘请专家和设计人员进行技术攻关以及请工人投入生产等，这些工作每一项都是步履维艰，但是大卫却坚持走了下来，他踏实肯干的精神感染了父亲和身边的每一个人。

1948年在比利时举办的国际汽车大赛中，大卫·布朗生产的“马丁牌”赛车取得了冠军，而大卫·布朗的公司也因此名声大噪，订单接踵而至，他的生意也越做越好。

大卫·布朗的事例说明了，一个成功的人离不开实干精神，大卫本身是一个非常有才华的人，但是如果他没有脚踏实地地去工作，也许就会和他的朋友一样，空有一腔热血，是不会取得任何成就的。

哥伦布曾经说过：“即使你有出色的才华，如果选不对做事的方式，仍然会与成功背道而驰。”一个有才华的人往往会比普通人更想快速地抵达梦想的彼岸，但是一个非常有才华的人，如果选错了人生的发展方向或者是不踏实地去付出劳动，那么他也就不可能成功。

那些被誉为“神童”或“天才”的人，往往都不会取得最后的成就，这主要是因为他们只注重自己的才华，而没有实干精神，最终他们理想中的成功，只不过是昙花一现罢了。

小贴士

一个真正的成就型实干主义者，更加注重的是实干精神，他们相信只有实干才是走向成功的台阶。而实干是取得成就的前提，是一个人能够被人肯定的重要决定因素。因此，成就型实干主义者要想取得成功，就必须将实干精神放在第一位，正所谓“三分才华，七分实干”，只有这样才能够走向成功，才能够得到别人的尊重和认可。

7 活出自己，不被完美所操控

在九型人格中，虽然成就型实干主义者没有完美主义者那样事事都刻意追求完美，但是成就型实干主义者却也是一个追求无瑕的人。

由于好胜心理极强，这种人通常在别人面前表现出一副很优秀的样子，即使自己没有那种能力，也会表现得十分夸张和自信。总之，他们在外人面前特别注重自己的形象。长此以往，他们就会变得疲惫不堪，压力重重。为此法国心理学家翁布勒丹·安德烈建议，这类人在生活中应该以自己的“真面目”示人，毕竟人无完人，过分地追求成就会让自己活得很压抑和疲惫，而坦然地面对生活和身边的人，将会轻松很多。

有这样一位成就型实干主义者，他每天出门之前都会在镜子面前逗留很长一段时间，在他的心中，自己的形象与自己的成功是相互挂钩的。这类人对自己的个人形象那么在意，却不怎么注重家中的卫生状况，他们认为家里的干净与否与自己的成就没有任何关系。而这种人的衣柜里往往都会摆满高级名牌服装，而且大多数都是职业装，在他们的眼里，这些衣服都是一个成功者所必备的。

另外，这类人害怕与别人亲密相处，尤其是同事之间。虽然他们在公司中的人缘非常好，但是人缘归人缘，他们并没有真正与之交心的亲密朋友。当然，造成这种原因的正是他们的“心虚”。这类人为了获取成就而不惜利用身边一切有价值的人或物，所以外表风光且人缘好并不一定就是真实的他们，他们内心有着很多的秘密，他们害怕与别人交心之后暴露这种特点，所以他们从来不坦诚地与别人相处。显然，他们想做一个根本不可能存在的“完人”。

巴纳德·扬曾经是美国摩托罗拉企业的一个部门销售经理，他来公司仅仅半年的时间就被提拔为了销售经理。这足以说明巴纳德具有很大的才华和潜力，也说明了巴纳德有实干的精神。没错，他是一名典型的成就型实干主义者。早在进公司之前，他就曾发誓要成为公司的主力军和核心人物，为了这个目标巴纳德刻苦勤奋，并利用一切关系使自己不断向上爬。半年后成为销售经理的他与自己部门的人相处得非常融洽，他们关系和谐，工作上也很有默契，曾经一度在公司内成为冠军销售部门。

但是看似人缘非常好且交际能力强的巴纳德实际上不敢与同事们进行深入的交谈，尤其是在工作之余的时间。巴纳德总是找理由推掉同事们为他举办的各种聚会，也总在同事聚会达到兴奋时刻找借口走开，而且还不与女同事坐在一起吃饭等，这些其实都是巴纳德内心的芥蒂。他心中有同事们不知道的秘密，这个秘密就是关于他是如何快速走上经理位置的真实原因。没有人知道他向总部的电子邮箱里面发了一封关于前任销售部经理的丑事。这个事情成为了他与同事们相处的内心障碍，虽然同事们不知道这件事情，但是巴纳德却害怕别人会看穿他的真面目，所以他不能坦诚地与同事们相处，也不能与朋友们亲密相处，这让他心里充满了压仰。毕竟，他已经习惯了在同事们面前表现得十分优秀和出众，他无非是想当一个别人眼中的完美成就者。

小贴士

澳大利亚著名心理学家马西奥·伯纳德认为，一个成功的成就型实干主义者应该用一种合理的方式去取得自己的成就和得到别人的肯定。他认为，人无完人，只要坦然地面对身边的人和事物，所有的成就型实干主义者都会变得很快乐。

第五章

洞悉艺术型悲情浪漫主义者的内心世界——拥有和别人不同的人生是终极目标

九型人格中，有这样一种人物性格——悲情、浪漫、自我、感性、幻想、极易情绪化且充满忧郁。这就是艺术型悲情浪漫主义者的特征，他们拥有独特的个性和外表，往往拥有让人很难理解的生活和与众不同的人生目标。

这种人在各个方面都表现出其独有的特点，而这些特点也正是他们异于其他人物性格的地方。不走寻常路通常是这类人的人生座右铭，他们不希望别人与自己有一样的想法和看法。这类人在某些时候特别具有创造力和想象力，想象力丰富的他们也时常爱幻想一切不合实际的事物，他们认为自己就是最好的，坚信自我感觉。但是这类人往往会有很大的情绪，而且善于忌妒比自己优秀的人，这样就导致他们有一定的忧郁特点。学会洞悉这类人的性格特点对一个人在社会生活中的发展有很大意义和作用。

1

不走寻常路——悲情浪漫主义者的座右铭

在九型人格中，有一种人属于艺术型的悲情浪漫主义者，这种人最大的特点就是不走寻常路。在人生的轨迹上，这类人往往执著于自己的想法和追求，通常他们内心的想法与大众不同，他们浑身上下、由内到外，都充满了艺术的灵魂。

追求独特的艺术浪漫气息让这类人在一定程度上蒙上了个人主义色彩，而且这种人大都是感性的，他们追求独特，并且内心坚信独特的气质能够博得人们的喜爱和欣赏。但是有时候他们的这种行为并不受人们推崇，大多数人会认为这类人有些神经质，而且极爱幻想，做一些不切实际的事情。甚至有人还会用“穷酸相，爱出风头”或者是“疯子！彻底的疯子”等话语来评价他们。但是这些富有艺术气息的浪漫主义者却丝毫不理会这些人的想法，依然坚持自己的风格和处世姿态，他们就是要用一种不同寻常的方式来挑战这个迂腐的世界。

艺术型的悲情浪漫主义者凡事都会从个人的感受出发，他们把自我感受当成是衡量事情好坏的标准，而且他们最怕的就是平淡的生活。他们完全接受不了一成不变的生活，他们就像那些奔波在世界各地的行者们一样，他们永远会选择充满刺激与挑战的生活。

这类人喜欢一切没有尝试过的生活和体验，甚至有一位著名的成功企业家曾经空手来到一个陌生的城市，在那里体验了一下一无所有的流浪生活。还有一个著名的音乐家，学习多种乐器的演奏方法，并且在他的曲风中一直尝试不同的音乐风格。

这就是悲情浪漫主义者的最大特点——不走寻常路，这也已经成为了他们人生的座右铭。

另外，这类人的内心感受非常丰富，且变化多端，他们总有一些出其不意的想法。而这些变化则通常表现在其外在的形式上，比如，他们在穿衣打扮上总会与别人表现得不同，乐于追求不同风格的服饰，而且勇于挑战一些另类个性的服饰装扮，每天都会有不一样的感觉。

好莱坞明星安吉丽娜·朱莉就是一个典型的艺术型的悲情浪漫主义者。熟悉她的人都知道，她是一个与别人不一样的人，她喜欢尝试不同的人生境遇，她认为拥有和别人不同的人生是她最大的终极目标。今天她在走红地毯的时候可以穿着优雅的长裙，彰显淑女气质；明天她却可以短裙豹纹，尽显妩媚性感；后天她又可以西装笔挺，大走中性路线。虽然这些衣服的风格截然不同，但是穿在朱莉的身上，所有的人都一致认为非常合适，这主要是因为朱莉的内心丰富多彩，骨子里面追求不寻常的个性时常散发出恰如其分的风格。当好莱坞乃至全世界的明星都在为了自己的名气和名利而隐藏婚事和孩子时，朱莉却高调地领养了来自世界各地的孩子，并且时常带着一大群孩子出现在众人的镁光灯下，这时候的朱莉全然不在乎别人的想法，坚持走自己内心的路线。

可见，不走寻常路是这类人主要的做事风格，然而，这种人又比较情绪化，在追求浪漫的同时又坚持自我的个性，喜欢我行我素的生活。尤其是在爱情上，这类人很珍惜此时拥有的爱情，因此会想尽一切办法去维护好自己的感情，为此他们也不断地在寻找和探索不寻常且充满了艺术风格的想法。

法国女诗人卡特琳·波兹是一个颇具浪漫色彩的人物，她内心

狂热，变化多端，一生都过着一种不寻常的生活，她是一个典型的、充满艺术特点的悲情浪漫主义者。在她的生活中处处存在着不寻常和自由个性的元素。有一年，情人节刚过，卡特琳与一位朋友在喝茶聊天，忽然她的朋友问卡特琳，情人节那天，你与情人去哪里玩了，卡特琳说："我跟杰弗去海边吃烧烤了。而那天下起了雨，雨水打在我们的帐篷上，滴滴答答的，期间还有一些雨水落在了炭火上，发出了滋滋的声响，那声音好美，简直是浪漫无比。"卡特琳所说的情人节的浪漫就是与男友在雨中搭个棚子吃烧烤，毫无疑问，一般人眼中的情人节浪漫是没有这些成分的。转眼又过了一年，恰巧又是刚过情人节，卡特琳又遇上了上次一起喝茶的朋友，朋友打趣地问卡特琳："嘿，卡特琳，今年的情人节怎样过的？还是雨中浪漫烧烤吗？"谁料，卡特琳从兜里掏出一支烟，慢慢地点上，然后吐了一口烟圈说："那可真没意思，你知道，我最讨厌一成不变了。"在那位朋友的催问下，卡特琳说："今年情人节我去文身了，我在后背上刺了杰弗的名字，我还特意洗完澡披了一条浴巾，当杰弗出现的时候，我故意让浴巾自然滑落，杰弗看到我背上的文身后便兴奋地大叫了起来。"

在卡特琳的心里，浪漫不一定就是烛光晚餐，她总有新奇的想法，而且她不喜欢与别人一样，她认为浪漫要自己来定义。卡特琳这种不寻常的想法让她的朋友非常吃惊，也让人们意识到了这类人不走寻常路的个性特点。

小贴士

不走寻常路，完全按照内心的感受来做事，并且一直不断地寻找自我感受和不同的生活方式，是艺术型悲情浪漫主义者的特点。尽管身边的人不理解他们的行为，但是他们却仍然能够沉浸在自己的世界里，追逐充满艺术的浪漫境界，永远不会因为别人的想法而左右了自己的人生。

2

超乎现实的新奇创意是悲情浪漫主义者的毕生追求

九型人格中艺术型的悲情浪漫主义者往往勇于尝试不同的生活风格，从中不断地寻找新的生活方式，进而形成很多新奇的想法。虽然这些新奇的想法往往不被人们所接受，但他们仍然会乐此不疲地沉浸其中。

这种类型的人在生活中追寻的始终是自身内心的真实感，他们往往会滋生出许多超出现实意义的创意和想法，而这些超乎现实的想法是普通人所不能接受的。普通人在工作或者是做其他事情的时候都是建立在现实基础之上的，比如，工作是为了养家糊口，办事是为了自己的利益等。但是悲情浪漫主义者却并不这么想，他们的所作所为都是按照自己心的指引，这也体现了他们超现实主义的特点，不在乎现实的阻碍，也不在意人们的眼光和看法，因此他们的很多新奇想法都不被人们所接受。

尽管想法不被人们接受，但他们依然继续为之努力，因为他们不想过和周围人一样平淡无奇且十分乏味的生活。

丹麦著名的童话大师汉斯·克里斯蒂安·安徒生在1804年出生于菲英岛上的一个叫做欧登塞的城镇上。欧登塞是一个贫富差距巨大的城镇。在城市的街道中到处都居住着贫穷的鞋匠、洗衣工以及乞丐，而这就是安徒生所生活的环境，他父亲是鞋匠，母亲是酒鬼，祖母是个无所事事的说谎者，祖父精神失常。安徒生虽然生活在社会的最底层，但是他却并没有随波逐流。这是因为安徒生的想法从来都与大家不同，与他一样的同龄孩子很小就学会了偷窃和假装乞讨，而安徒生却并不这样做，他从不和其他的孩子玩耍，很多时候他都是孤单一人在角落里读书。从安徒生记事开始父亲就教他读书。安徒生经常安静地待在院子里目不转睛地看着树叶从空中飘落，他认为树叶缓缓飘落的动作非常美丽和浪漫，有时候安徒生会亲自给一些布娃娃缝制衣服，有时候还会邀请其他孩子一起为布娃娃做衣服，每当这时候，其他的小朋友就会取笑他，不认可他的这种“玩耍方式”，而安徒生却全然不理那些孩子的嘲笑，总是自顾自地投入在自己的游戏之中。

他11岁的时候父亲便去世了，14岁时他请求母亲让他去哥本哈根闯荡，后来母亲无奈答应了他。当时，安徒生的愿望是当一名哥本哈根皇家剧院的演员，他希望自己能够站在舞台上将那些美丽动人的故事讲给人们听，但是他的这个想法却得到了所有人的嘲笑和讥讽，人们不相信一个长相不出众且土得掉渣的穷小子能够成为歌剧院的演员，但是安徒生却依然坚持自己内心的想法。哥本哈根的繁华和喧嚣丝毫没有影响安徒生的想法，一年以后他终于当上了一名演员，虽然只是扮演一些小丑角色，但是，安徒生依然很乐意。再后来，安徒生认为自己不应该只是当一名丑角，他想要自己写剧本。这个想法一提出来，当时剧组里面所有的工作人员都笑他癞蛤蟆想吃天鹅肉，但是这也丝毫没有影响到安徒生，他开始创作。他构思过很多童话故事，尽管这些童话都十分稀奇和新颖，但当时人们并不接受，没有一个人认可他。就这样，很多年过去了，安徒生依然在坚持着自己内心的感受，不断创作。后来终于得到一个人的帮助，进入了文法学院学习写作。五年的文法学院生活让他受尽了讥讽，人们不接受他的想法，但是这都没有影响到安徒生的心理，后来他写出了使他扬名四海的《垂死的孩子》这首诗，紧接着他又创作了大量的童话故事，进而才被人们所推崇。

由此可见，安徒生无疑是一个典型的艺术型的悲情浪漫主义者，周围的任何事物都影响不了他的内心追求，即使是自己的想法不被人们所接受，他也会继续坚持下去。从他不与其他的小孩玩耍而自己孤单欣赏落叶开始，他的内心就不断地有新奇的想法出现，包括走出欧登塞进军哥本哈根皇家剧院，这简直就是一个最大的新奇，没有人会认可，更不可能有人送来祝福，但是安徒生却依然追随自己的心。一开始他创作的那些童话故事被人们当做是空想派的代表，太超乎想象，没有丝毫的根据，但是这恰恰是他那种浪漫主义情怀的完全释放，这些新奇的创意让他内心无比快乐，他发自内心地喜欢那些童话里的角色，而他童话里的故事情节也无疑是非常新奇的。比如他在《威利·温基》里面安排两个布娃娃举行婚礼等，这无疑是新奇的创意，一开始人们不接受，甚至认为这是在侮辱人类和讽刺现实。而安徒生之所以这样表达自己的创意，就是因为他不喜欢现实的悲惨，他认为现实生活并不是他想要的，其实这正是他那种悲情浪漫主义的表现。

小贴士

英国心理学家温尼科特·唐纳德认为，在九型人格中，艺术型的悲情浪漫主义者是最具有想象力的。他们经常会想出很多让人难以接受的想法，这些想法有两个共性，那就是新奇和超乎现实。然而，即使这些想法无法得到大众的认可，这类人也会乐此不疲地为之努力。

3

自我感性是追求自我感觉的重中之重

艺术型悲情浪漫主义者在生活中似乎永远活在自己的内心世界里，不管外界环境怎样复杂和多变，都不会给这类人造成太大的影响。匈牙利心理学家兰施堡·保罗认为，艺术型的悲情浪漫主义者同时也是一个绝对的自我主义者。这类人所有的行为都屈从于自己的内心，而这种行为就是自我主义。

这类人追求一种心理上的刺激感，而且全凭感觉做事，所以说这样的人也是一种感性之人。他们爱幻想、自我、感性，因此被称为“浪漫型”的人。当然这种人并不是时刻都很浪漫，只是他们往往凭自己的感觉行事而已。这种人心中常有这样的一句话“我就是我的感受”，他们甚至可以没有目标、没有理想，但是却不能没有当时的自我感觉，他们会把当时的全部精神都放在这种自我感受上面。悲情浪漫主义者的这种自我感受并不是人人都能理解的，也不是着大量笔墨就可以形容透彻的，它是一种感性上的深度理解。

艺术型的悲情浪漫主义者往往以自我为中心，而且十分感性，就算是身旁的人都不理解他的行为，他也会乐在其中，从不理会旁人的言论和说法。

古希腊著名的大哲学家狄奥哲尼士是犬儒学派哲学家的代表人物，所谓的犬儒学派就是当时古希腊的一个哲学派别，他们蔑视当时的世俗生活，认为世俗的生活没有任何价值，他们推崇反文明的原始简单生活。而狄奥哲尼士是最具代表性的一个哲学家，他其实本身还是一位艺术型的悲情浪漫主义者，崇尚犬儒学的人大都是这种类型的人，他们感性，做事以自我为中心，追求一种自我的超脱感觉。狄奥哲尼士认为习惯是第二天性，自我感觉才是第一天性。他还蔑视世界上所谓的权威，从不认为权力是高尚的、神圣不可侵犯的，反而认为所谓的权威只不过是人们一时可笑的错觉罢了。

狄奥哲尼士认为应该以木桶代替房屋，这种追求自我感受和追求原始生活的想法，在当时的古希腊也备受推崇。当时的亚历山大大帝征服了全希腊，他在游览观光时听到别人说起狄奥哲尼士，并且人们对这位犬儒学派的哲学家十分赞赏，于是亚历山大就很想见见他，并曾多次派人邀请他，但是狄奥哲尼士都没有理会。一般来讲，当时亚历山大是最高的统领者，甚至掌握着人们的生死权，几乎没有任何人敢令亚历山大不悦，然而狄奥哲尼士却全然不理会这些，他依然享受在自我的感觉中。面对亚历山大派来的使者，他全然不理，而且还当着使者的面在木桶中扬扬得意地晒太阳。

然而，狄奥哲尼士越是这样，亚历山大就越想见到他。于是亚历山大亲自来到了狄奥哲尼士的住所，然而亚历山大来到狄奥哲尼士住所的时候，狄奥哲尼士依然是装作没看见一样在木桶中晒太阳。亚历山大也并非一般小气的统治者，他对狄奥哲尼士说："我是亚历山大，你有什么请求吗？我一定会为你完成。"狄奥哲尼士回答："好吧，我现在只有一个要求，那就是请你走远一点，不要遮挡我晒太阳。"

亚历山大只能扫兴地回去，在回去的途中，亚历山大感慨地说："如果我不是亚历山大，我也宁愿做一个狄奥哲尼士。"亚历山大虽然是一代帝王，统治面积广大的土地，拥有权力和地位，但是仍然不能活得感性洒脱，每天还要为国家大事所烦忧，着实劳累。亚历山大认为像狄奥哲尼士一样，活出自我，任何事情都追随自己的感觉走，真是一件幸运的事情。

狄奥哲尼士对亚历山大都是如此的轻视，更何况是别人，他的

自我感觉和感性生活无时无刻不得到体现。例如，他也经常戏弄当时著名的哲学家柏拉图。当时，柏拉图在希腊的影响非常深远。柏拉图当时对“人”的定义是：身上没有羽毛，且用两只脚走路的动物。这一学说引起了人们的轰动，人们认为这个定义里面包含了很多的人生哲理。但是狄奥哲尼士却不这么认为。面对那些对柏拉图大加赞赏的人们，狄奥哲尼士不以为然，他随手抓起一只鸡，然后将鸡身上的羽毛全部拔光，把它放在那些赞美柏拉图的人面前说：“这就是柏拉图所说的人，哈哈。”

狄奥哲尼士一生都在追求自我的内心感受，从不在意别人怎么说、怎么看。所有欣赏他的人都评价他是感性的洒脱之人。这是典型的悲情浪漫主义者的性格体现。

很多这种类型的人的想法不被人们所理解，其实从某种意义来讲，有时候这种人心里也是想让别人理解的，但是由于想法太自我，追求自我的感受，因此往往得不到人们的认可，于是只能去做艺术家。而艺术是一个需要感性和自我感觉的职业，艺术圈也是一个适合这种类型人生存和发展的地方。

这种类型人享受自我的感觉胜过一切，有时候外在的事情不能让他们尝到那种享受的时候，他们会自己制造一些感受给自己。而这时候这类人最擅长的就是利用眼前不同的事物来勾起自己内心的一些感觉，让自己去感受。他们想象力丰富，内心戏剧化，经常将一些原本没有什么含义的事物刻画得非常美好，将自己内心的戏份做得很足，而且很夸张。比如这类人可以在安静的时候看着自己手上的戒指发呆。他们表面上发呆，但内心可能早已经被自己的感受融化，这枚戒指也许是前男友（女友）送给他（她）的，也许是见证他（她）在异乡的一段情感的信物，总之，在这种人心中，这枚戒指的意义非常重大，而且此时此刻他正在慢慢地回忆着往事，享受着那份美好的感觉。他们害怕平凡，不希望别人的感受和自己的一样，这是因为他们追求与众不同的独特感受，不希望掺杂任何人的思想感受。所以他们总是自我制造一些十分独特的想法和感受，而这些感受也往往是独一无二的。

伟大的音乐家肖邦的才华可谓是人尽皆知，他的钢琴弹奏每次都是令人神情怡然，陶醉其中，而这位波兰的大音乐家却是一位典型的艺术型的悲情浪漫主义者。他每次的创作都包含了自己的个人感受和情感，他享受自我陶醉在音乐中的感觉，而他的音乐非常感性，这种感性每次都能牵动着人们悸动的心灵上下起伏，这种感觉也只有肖邦能够带给人们。

肖邦的很多名曲都是在自己制造的一些自我感受基础上创作的，他有个习惯，每次在没有灵感的时候总是会静下来想一些心中美好的事情，甚至是自己在脑海中编织一个故事，而这个故事是他发自内心的一种感性情感，于是在这样的感觉中，他往往能够创作出一些名曲。

一次，肖邦被邀请在巴黎的一家高级剧院进行演出，这是一次非常重大的演出，当时有三千多人观看这场钢琴演奏。演出之前，肖邦曾经发出最新的通告，要在这场演奏会上演奏自己新写的曲子，让大家耳目一新。然而就在离演出还有三天的时候肖邦还没有写出令自己满意的曲子，他非常烦躁。当时很多工作人员也都十分着急，而肖邦却对大家说："听我说，你们都回去，让我一个人静一静，我保证演出会成功的。"

大家都走后，肖邦回到了琴房中，他并没有翻阅琴谱或者是写东西，而是对着墙上的一张壁画出神地观看。这是一幅人物油画肖像，画中是一张美丽的容颜，这个女子脸上蒙上了一层纱，身上也没有任何代表身份地位的装饰，就连画的背景都只是一片湖水，没有任何修饰，画中女子眼神朦胧迷离，似乎在诉说着自己那段悲惨的爱情。就这样这幅神秘女子画像给肖邦带来了心理的美好感受。肖邦将画中的人物看做是一个极具神秘色彩的女性，并且让她与一位俊美的骑士相遇在湖畔，战争将他们分离，等待成为了神秘女子的唯一寄托……肖邦完全沉醉在这幅画中，不，应该说完全沉迷于自己的感受中，于是他立刻坐在钢琴前，弹奏出了一个又一个的美妙音符，就这样，肖邦那著名的《叙事曲》中最著名、也最流行的一首诞生了，这位骑士与神秘女子的爱情也成为肖邦心中的美好感觉。

一天以后，肖邦召集了他的音乐团队开始了这首曲子的排练，效果出奇的好。人们都惊讶于肖邦的神奇，可却永远也不会明白肖邦心中的真实感受，因为那个美丽动人的爱情故事只不过是肖邦自己制造的一种感受罢了，谁也不会明白。演出那天，肖邦再一次让人们震撼，而那首《叙事曲》在当时也十分流行。

小贴士

艺术型的悲情浪漫主义者一旦找不到自己的感觉，就会想方设法地制造一些感觉来让自己享受，因此有人说这种人爱幻想，但他们不会理会，只要他们内心得到了满足你怎样说都无所谓。用他们的话说就是：“我只追求我的感觉，我就是我。”

4
悲情浪漫主义者的典型表现——情绪化

艺术型的悲情浪漫主义者在生活中总是以自我为中心，而且喜欢追寻自我感觉，把自我陶冶和浪漫的情怀演绎得淋漓尽致。然而，这种人还有一个最大的特点——非常情绪化。每个人都会有情绪，但是悲情浪漫主义者的情绪化就显得十分明显，而且这也成为了这种人最大的难题，他们想要极力地去改变，但是依然无济于事。

美国心理学家格塞尔·阿诺德·卢修斯曾经与一个艺术型悲情浪漫主义者的朋友进行过谈话，格赛尔发现在谈话中，他的朋友非常情绪化，易于激动，甚至有时候还表现得不能自控。后来他的朋友对他说：“我不是冲动，也不是神经质，只是我经常会被我的感情控制着。每当这时，我就好像身不由己了，整个人都受到情绪的控制，那种感觉，你知道吗？就像身体要爆炸了！”

生活中的悲情浪漫主义者，往往因为情绪化而给自己的生活造成了很多的麻烦，因此，情绪化成为了这类人最大的难题。

戴安娜王妃是英国人民心中永远美丽的王妃，然而，戴安娜王妃虽然表面上平易近人，想象力丰富又十分聪慧，似乎全身都充满了魅力，但是戴安娜却也有着鲜为人知的性格特点。出版的布莱尔自传中有一段对戴安娜的评论：“王妃是充满浪漫主义的女性，集合了女性众多的优点，但是王妃的控制欲望却很强烈。她是一个情绪化严重的人，往往因为自己内心的不安而大发脾气，甚至有时候会有些难以自控。”这说明，戴安娜王妃的性格特点有很大的悲情浪漫主义倾向性。她时常会为了自我内心的一些感受而影响自己的情绪。这在外人眼里当然是很难捕捉到的，那是因为戴安娜王妃在外表上要给全英国的女性做一个典范和代表，所以会表现得近乎完美。但是现实中真实的戴安娜王妃的性格却充满了情绪化的波动。

一次，戴安娜和查尔斯王储在用早餐时因为自己昨晚做的一个噩梦而大骂家里的厨师，虽然事后她进行过道歉，但是这却展现了戴安娜真实的内心特点。她的佣人在她出车祸之后的很多年，回忆说：“王妃热爱艺术，想法独特新奇，堪称是完美的女性，但是她有时候会很情绪化，我们都清楚，这可能是王室成员都有的一些难言之苦。”其实佣人的话虽然说明了王妃情绪化是因为身为王室，但是事实可能并非如此，戴安娜王妃的情绪化完全是其性格导致，只是在媒体和众多的舆论面前，佣人的这种说法比较合理一些。

其实很多人的性格都是多重的，情绪化也都或多或少地伴随其中。在九型人格中，这种艺术型的悲情浪漫主义者往往会将情绪化表现得十分明显。而且这类人一旦在现实中遇到了困难或者是生活不尽如人意，他们就更容易将这种不好的情绪发泄出来。

一般情况下，这种类型的人内心充满了一切可能的或不可能的幻想，而且极其注重自我感觉，具有高傲的艺术气质，能够做到自我放纵，追求独特的浪漫生活，在别人眼中这就是过于理想化。而这类人在顺境的时候，他们会灵感不断且富有创造力，其感情也比较真诚和坦然，对别人也十分友善。而更重要的是肯定自我，并且乐于表现自我，心中有一种自我高尚的精神。但是在逆境中的悲情浪漫主义者的性格特点就会表现得非常忧郁，多愁善感，情绪化十分严重，甚至还会进行一些自我破坏，远离人群，陷入痛苦中不能自拔。这种人往往在这时候显得最为可怜，而这也成为了他们的最大难题，因为这直接影响了他们的生活。

好莱坞著名的男影星约翰尼·德普凭借着《加勒比海盗》系列电影而成功地成为了好莱坞最受欢迎的男演员之一。约翰尼拥有着英俊的外表，加上才华横溢的表演让他也成为众多女明星中的白马王子。然而约翰尼却是一位典型的艺术型悲情浪漫主义者，在出演《加勒比海盗》之前，他也一度风靡全球，但是后来却因为自己私生活上的一些事情而导致了他的演艺之路并不好走，那段时间是他最压抑和痛苦的阶段。约翰尼在那时陷入了极端的情绪化中，不想与任何人见面，整天把自己关在屋子里，抽烟、喝酒甚至是接触毒品，这些都成为他自我放纵和痛苦折磨的方式。

这样的约翰尼被那些记者们搬上了娱乐报纸的头条，人们认为这是他太过骄傲的下场。还有人认为他是风流成性，一系列对他不利的消息占据了整个好莱坞，人们不再找他拍戏，他便再次陷入了痛苦的情绪之中，直到后来他遇到了他的伴侣凡妮莎·帕拉迪丝，是他的这位伴侣帮助他渡过了人生的低谷时期。后来他振作起来，接拍了《加勒比海盗》而再次一举成名。

由此可以看出，约翰尼拥有悲情浪漫主义者的情绪化特点，他在事情失利之后对自己进行自我放纵和折磨，整日沉迷在酗酒上，这就完全暴露了他的这种情绪特点，独处造就了他忧郁的特点，一个男人多愁善感而且长期麻痹自己，终究难免会堕落。如果约翰尼没有遇到他的妻子，也许他还是会萎靡不振，完全沉醉在痛苦之中，可见旁人的帮助起到了巨大的力量。而这也从侧面反映了约翰尼的妻子懂得如何跟这种类型的人相处。

法国心理学家雅内·皮埃尔认为，与这样的人相处最大的特点就是不要强迫这类人去做一些事情，因为这种人本身比较自我，喜欢独特的个性生活，如果强迫这种人去做一些他不喜欢做的事情，那么无疑是加快了这类人的堕落。

因此，心理学家雅内·皮埃尔认为，与这样的人相处应该注意以下几点：

第一，要接受这种人的感觉和情绪，尤其是那些不良的情绪。但是要真诚坦然地告诉他们这些不好的情绪将会影响到他们的生活。

第二，要时常表达自己对这类人的欣赏之情。这种人虽然比较情绪化，但是相对来讲，这类人的想法和一些创意都是最独特的。因此，对那些好的东西要时刻表达出赞赏，这样就有机会接近这类人，并容易走进这种人的心里。

第三，虽然这种人的情绪化非常严重，但是在进行处理的时候不要直接对这类人进行批评，要间接、坦然地与这类人一起面对问题。

第四，要有耐心。很多人在与这种人相处的时候往往会想着尽快帮助这类人走出痛苦和困境，但越是这样，越达不到目的。心理学家布朗建议一定要耐心等待，只有这类人向你寻求帮助时才可以帮助他，切记不要主动帮忙，否则会引起这类人的情绪波动。

第五，这种人在情绪严重不好的情况下，要委婉或者是间接地向他们指出情绪失控对他们是不健康的。

以上是心理学家雅内·皮埃尔建议的与情绪失控的悲情浪漫主义者相处的方法。从这些方法上也可以看出这类人的独特之处。

小贴士

情绪化对这类人的生活着实造成了不少影响，有时候它会让一个有名望的人声名狼藉，让一个才华横溢的人才思枯竭，还会让一个善良友好的人不受人待见。海伦·帕尔默在自己的书中称，艺术型的悲情浪漫主义者因为自己的情绪化，往往带给人们一种神经质的印象。他认为，这类人其实就是社会的另类，因此，海伦最后劝告人们："如果你没有勇气去当一个大诗人或者是画家，那么就请你放弃悲情浪漫主义吧。"

5

忌妒是使悲情浪漫主义者陷入抑郁的元凶

法国心理学家法韦尔热·让·马里通过研究发现，大多数的悲情浪漫主义者都有一个共同的性格特点，那就是容易忌妒。前面说过，悲情浪漫主义者是一种非常自我的人，一个非常自我的人往往就很自恋，认为自己是最好的。但是一旦在这种人身边出现了一些比他好的人，那么悲情浪漫主义者会在心理上不知不觉地产生忌妒，而且在忌妒的基础上很容易就会形成抑郁。由此可以说，忌妒是悲情浪漫主义者陷入抑郁的元凶。

忌妒是影响一个人心理健康的最大敌人，因此，心理学家们认为，人不仅要树立一种正确的心理观念，还要消除忌妒心理。然而在悲情浪漫主义者的心中，忌妒已经成为了他们的一种性格，且深深地嵌入了骨子里。这种人自我个性强烈，心理上几乎容不得别人的好。有时候忌妒对于他们来说，还是一种恨，这种恨让他们饱受痛苦。巴尔扎克曾经说过：“忌妒者所承受的痛苦远比任何人遭受的痛苦要大，他自己的不幸和别人的幸运都会让他痛苦不堪。”因此，忌妒带给悲情浪漫主义者的痛苦非常巨大，他们很容易就会因为忌妒而陷入抑郁中，为此，希腊的安提斯德曾经将忌妒称为人类思想的“腐蚀剂”。

忌妒这东西对悲情浪漫主义者来说，无疑是一种最大的利器，而这种利器却是用来刺伤自己的。

有一只老鹰经常忌妒别的老鹰飞得很高，一次，它遇到了一个猎人，对猎人说：“我想请你帮个忙，你帮我把天空中那个飞的最高的老鹰打下来。”猎人听后说：“没问题，但是你要给我一些你的羽毛，我才能帮你。”老鹰于是就拔了几根羽毛送给了猎人，但是猎人并没有将天上高飞的老鹰打下来。后来猎人每次都向老鹰索取身上的羽毛，而这只老鹰就不断地给猎人提供着自己的羽毛。直到有一天，老鹰将自己身上的羽毛全都拔光了，此时它已经不能飞翔了，于是就被猎人很轻易地抓到了，然后当天晚上，猎人就享受了一顿饱餐。

从这个寓言故事中可以看出，忌妒对自己的伤害才是最大的，所以，悲情浪漫主义者因为忌妒大都陷入了抑郁中，甚至有的人最后因为忌妒抑郁而终。

忌妒心理，人们可以理解，但是对一个悲情浪漫主义者会因为忌妒而陷入极度的忧郁中乃至抑郁而终，人们就有些不太了解了。曾经有人就这个问题请教过亚里士多德：“为什么容易忌妒的人会导致身心不快，乃至郁郁寡欢呢？”亚里士多德回答说：“这是因为忌妒折磨的不仅是他们的身体，更多的是心灵。”悲情浪漫主义者通常将忌妒隐藏在自己的内心中，而表面上甚至不承认自己有忌妒的心理，还经常做出一些假装的动作来掩盖他们的忌妒心理，而这样的最终结果就是导致他们整日处在一种焦灼不安和痛苦之中。

悲情浪漫主义者在面对那些比他们有成就的人时，他们的内心会处于极度压抑的状态，这种人总是会将自己的全部心思都用来窥视别人成功的隐私，每天都会寻找别人的失败，以达到自己心理上的平衡，这其实是一种非常无聊的消耗。这样的行为会让悲情浪漫主义者的心很累，长此以往，难免会产生心理抑郁。

忌妒心理在人际交往中往往是一种心理障碍，会让人心胸狭窄，目光短浅，甚至还会造成一些行为不好的影响。

美国著名的女诗人西尔维娅·普拉斯是继艾米莉·迪金森和伊

丽莎白·毕肖普之后最著名的美国女诗人。这位富有传奇色彩的女诗人被人们称为浪漫主义的代表，同时又是极端主义的代表。从性格上来讲，西尔维娅是一名典型的艺术型悲情浪漫主义者，她的生平经历都离不开极端、忌妒、抑郁和自杀倾向。

西尔维娅生来就有艺术家和诗人的灵魂，然而忌妒也成为她与生俱来的性格之一。西尔维娅的父亲奥托·普拉斯是一名德国移民，他主要研究野蜂，还曾经发表过诸多关于黄蜂的文章，因此西尔维娅被人们称为黄蜂之女。然而，她的父亲在她8岁那年因病去世了，这对幼小的西尔维娅来说是个不小的打击。西尔维娅从小就有严重的恋父情结，崇尚死亡，渴望与世界割裂的强烈感受，这对她后来的作诗风格产生了很大的影响。

后来她凭借出色的成绩考取了美国最大的史密斯女校，在那里她渴望自己成功，却又忌妒别人的成功，而且她十分爱幻想，预想中那犹如海市蜃楼般的美丽却始终不能现身，她也为此而十分忧郁和沮丧。后来她被哈佛大学的诗人研修班拒绝，精神更是一落千丈，她忌妒别的诗人有成就和幸运的人生，这种忌妒让她饱受忧郁之苦，而且受尽了心理上的折磨。于是在1953年，她选择了自杀，但是这次自杀并没有成功。虽然自杀没有成功，但是因为她的自杀，她得到了人们的关心和眷顾，因此这让她在心理上得到了一丝平衡，她的忌妒心理也逐渐得到了修复，但这并不代表着她从此不再忌妒。

1955年，她遇到了自己的另一半——英国著名诗人特德·休斯，西尔维娅与休斯的爱情故事可谓非常传奇，两位伟大的诗人在一定程度上都被对方的魅力所吸引，西尔维娅经常为了休斯身边的女人而忌妒，这种忌妒让她变得十分忧郁，好在休斯是一个对西尔维娅十分忠诚的人。所以他们两个人在一定程度上达成了一致，1956年他们在伦敦举行了简单的婚礼，西尔维娅的内心再次得到了极大的满足和平衡。

结婚后的西尔维娅与丈夫过着简单且快乐的日子，婚后的两年是他们最幸福的时光。但是两年之后，休斯做出的行为也验证了一个道理：天才艺术家或者诗人绝不是理想中的好丈夫。休斯每去一个地方都能够引起女人们的仰慕和嘉许，而休斯也抵挡不住那些女人的魅力。于是，西尔维娅开始了无尽的怀疑和忌妒，而这种忌妒心理又让西尔维娅重燃起了忧郁之心。后来他们的女儿和儿子相继出生了，这更是加剧了西尔维娅的忧郁之心，她一开口就是忌妒和抱怨，而且还攒不住钱，常常是一有钱就挥霍一空。休斯见此状况，更是极力地躲开她，经常自己外出找乐子。

后来西尔维娅发现自己的丈夫与一个叫做阿西娅·古特曼·魏韦尔的加拿大诗人厮混，这引发了西尔维娅空前强大的忌妒心理。1962年9月，希尔维娅和休斯离婚，但是这并没有治好她的抑郁和忌妒，她彻底地陷入了忧郁症之中，在最后的一年里她完成了她人生中最著名的诗集和著作。1963年，在伦敦她因抑郁症而自杀于自己的公寓中，年仅31岁。

由此可见，忌妒是悲情浪漫主义者陷入抑郁的最大元凶，严重地危害了悲情浪漫主义者的身心健康。而忌妒似乎成为了这类人隐藏在心里的一种性格特点，忧郁却成为了他们最明显的外在表现。

6

多一些实际行动，少一些幻想——悲情浪漫主义者的首选

艺术型的悲情浪漫主义者之所以会被称为悲情浪漫主义者，是因为这种人身上无不散发着浪漫主义的色彩，然而又时刻会陷入一种悲情的痛苦之中。浪漫的时候喜欢幻想，悲情的时候接受现实，这两者总能让这类人陷入矛盾和困惑之中。在困惑之中有的悲情浪漫主义者会因为现实的残酷而选择逃避现实或者继续活在幻想之中，而有的则会选择接受现实，走上心灵舒适的道路。

著名心理学家雅内·皮埃尔也曾针对悲情浪漫主义者的一些特点进行过研究，他发现这类人在做事情的时候首先会忠实于自己的感受，而且追求的是心理上的自我刺激，感性地处理问题。但是有些人并不是真正的浪漫，他们只是性情多变，有时积极，有时消极，做事情完全凭借感性和直觉。还有一部分人就属于纯粹的浪漫主义者，只不过他们所谓的浪漫与现实有了很大的冲突，可以说，这些浪漫都是幻想出来的，有些不切实际，等到最后他们终于发现其实幻想并不可能实现的时候，也许会回归现实。

法国著名的作家莫泊桑写过一篇著名的文章，文中讲述了一个极具悲情浪漫主义情怀的人最终舍弃了幻想，回归了现实，这就是著名的《项链》。

女主人公是一个教育部的小职员路瓦栽的妻子玛蒂尔德，玛蒂

尔德是一个有些爱慕虚荣且追求奢华高雅生活的家庭主妇，小职员的收入在当时不算是太低，但是却远远够不上玛蒂尔德幻想的虚荣生活水平。玛蒂尔德每天只能活在自己的幻想之中，而且脾气也变得越来越不好。由于玛蒂尔德每日都想着要过一种高雅奢华的生活，甚至有些忌妒别的女人，心情也变得很抑郁。她的丈夫为了让妻子开心，于是便托朋友弄到了教育部部长夫妇召开的聚会请柬。玛蒂尔德见到请柬后非常高兴，心想，自己终于可以参加一次高层官员举行的聚会了，这个聚会无疑是圆了玛蒂尔德爱幻想、追求浪漫的一个梦想。于是玛蒂尔德为了这次聚会而精心打扮，后来她还向自己的朋友佛来思节夫人借来了一条漂亮的钻石项链。配上闪耀的钻石项链，玛蒂尔德在聚会上展现出了最具魅力和光彩的一面，她赢得了全场人的赞美和鼓掌，教育部部长在路瓦栽等人面前这样赞美玛蒂尔德：“她比任何一个女嘉宾都漂亮、高雅，并且十分迷人。”就在玛蒂尔德和路瓦栽为此事感到高兴的时候，不幸的事情发生了，玛蒂尔德在回去的路上，发现自己借来的钻石项链不见了。

这是一件非常重大的事情，项链丢了，就意味着他们要赔给佛来思节夫人同等价值的项链。于是他们第二天便动用了所有的财产加上所有的当物买了一条一模一样的钻石项链赔给了佛来思节夫人。然后为了偿还购买项链而欠下的借债，这对夫妻开始了艰辛劳作的生活。

十年以后，玛蒂尔德已经变成了一个又老又粗壮的妇女，在路上偶然遇见了佛来思节夫人，多年老朋友的佛来思节竟然没有一眼认出玛蒂尔德来，两人聊天的时候玛蒂尔德终于讲出了十年前的事情，这时候佛来思节才恍然大悟，并且告诉玛蒂尔德，自己当年的项链只是一条最多价值五百法郎的假钻石项链，她这时才知道，原来玛蒂尔德还给自己的项链是一条真正名贵的项链。

莫泊桑笔下的这个玛蒂尔德其实就是一个十分具有浪漫主义气息的人，她无时无刻不在幻想着自己能够过上富足且优雅的生活，她想尽一切办法跻身上流社会，这也是人性的体现。然而自从丢了项链之后，玛蒂尔德却选择了回归现实，通过自己的努力来还债，而不是继续依靠幻想来生活。可以说，玛蒂尔德最终通过自己的劳动和辛苦换取了自己心理上的安慰。

如果玛蒂尔德没有弄丢那串项链，也许此时的玛蒂尔德还是会处在幻想的状态中，依然每天在追求不可能实现的浪漫和幻想生活。而丢失项链这件事，让她彻底明白了自己的想法和生活的残酷，应该说丢失项链成全了玛蒂尔德，让她能够用一种正确的心理来面对生活。

其实，在现实生活中有很多类似玛蒂尔德这样的人，他们没有勇气做到像玛蒂尔德那样可以接受现实，远离幻想和浪漫。心理学家雅内·皮埃尔认为，悲情浪漫主义者的大部分特点就是心理上的顽固和对自我的坚持，这让他们很难在心灵上解脱。

小贴士

心理学家雅内·皮埃尔建议，悲情的浪漫主义者应当多一些实际行动，少一些幻想。这是悲情浪漫主义者得到心灵解脱的一个重要方法。

第六章

识破智慧型冷静分析主义者的思维模式——卖什么的都有，就是没有卖后悔药的

正如我们不断强调的那样，人格没有好坏之分，它既不是我们有待克服的敌人，也不是我们可以随意改变的情绪状态。它是我们人生中最好的朋友，是我们的生命形式，是我们作为一个独特个体存在的一种标志。智慧型人格是九型人格中选择知识、思想、自由、想象力、抽离和冷静，并且为自己的选择而付出少之又少的社会交往、“贪婪”和“吝啬”的人格类型。他们用自己的选择为自己筑起一座坚固的知识大厦，给人们留下丰厚的知识财富，同时也因为不善社交，对知识的过分渴求和依赖以及对生活、工作必需品的过分看重和节俭给人们留下了冷漠、高傲、贪婪和吝啬的印象。所以，在与智慧型人格的人交往时要看到他们人格特质的特殊之处，看到这些特殊之处的本质所在，采取正确和适当的方式与之和睦相处，从而最终实现一种良好的人际关系。

1
社交困难：智慧型冷静分析者的弊病

理智型的人在社交能力上比较弱势，他们对社交活动感到不安，甚至是恐惧，于是在心理上有一种对社交活动的下意识的排斥。但我们不得不正视的一点是社会交往自古以来就是人类生存和生活的一种基本需求，这种需求包括人与人之间的相互往来，以及这种往来之中产生的物质和精神方面的交流，这种交流有利于个人的成长，是社会构成与发展的基础，能够促进社会生产力的创造、保持、传播和发展。

社会交往是重要和必要的，但这对于智慧型的人来说却是他们人生中很难应付的一大难事，他们更渴望做一个来去自由的独行侠。由于他们将自己大量的时间投入到冷冰冰的数据当中，而忽视了人际关系的学习和维系，因此那些貌似纷繁复杂的人际关系是他们所不了解和难以掌握的，这种不了解和难以掌握带给他们很大的不安，为了消除这种不安，他们没有任何其他的“法术”可以施展，除了不断地阅读和搜集资料，期望通过获得更多的知识来确定做事和为人处世的准则，以便做到对每一件事都了如指掌，随时能够对每一件事做出准确的反应。然而，现实是残酷的，这种对书本知识的过分依赖，并不能解决所有的社会交往问题，于是智慧型的人虽然常被不同的人所吸引，但是又不能够把握他人是如何运作情绪和感情的，因而在内心中害怕与这些人相处，宁可埋首在工作和书堆中。“全球九型人格”创始人之一海伦·帕尔默表示，在智慧型的人心里，知识比人容易了解和掌握，所以他们跟人有隔离的感觉，也害怕与人接触。

1895年，法国著名的物理学家居里夫人和比埃尔·居里先生结婚时，新房里只有两把椅子，正好每人一把，比埃尔·居里先生觉得椅子太少，于是建议多添几把，以免客人来了没地方坐，但是居里夫人却说："有椅子是好的，可是，客人一坐下聊起来就不走了，为了多一点时间搞研究，还是算了吧。"从表面上看，居里夫人不给家里添加椅子是因为害怕自己的时间被来客过多地占用，实则在她的内心深处，对交际有一种不安和畏惧，不论这种不安和畏惧是出于什么样的借口。

智慧型的人不愿意与人交往的另外一个原因是因为他们拙于辞令，当然这并不是说他们不会说话，而是他们不会像社交中的那些善于狡辩、八面玲珑的人那样去应付所遇到的各色人等，他们总是显得沉默内向、缺乏活力且反应缓慢，这就是这种性格的人给人们留下的印象和感觉。

然而，事实真相一定是这个样子吗？无论在什么样的社交场合，这种性格类型的人都会给人这种印象和感觉吗？当然不是，任何事情都具有两面性，智慧型的人并不是在所有的社交场合都给人冷漠疏离的印象和感觉。海伦·帕尔默在关于九型人格中的著作中这样论述道："一个部落的图腾象征着自然力量的神圣和人类力量的有限，它们是包含了远古信息的符号，还是能够把大众联系在一起的神秘焦点。获取智慧对于生活在内心世界的智慧型的人来说极具吸引力，因为他们喜欢通过内心的掌控来预测外界的发展，毕竟知识就是力量，提前预知就能提前准备，他们只不过是想要寻求一种能够解决一切社会问题的方法，一种他们信仰的图腾。"在这里帕尔默将智慧型的人在社会关系中的目的比喻为寻找内心的图腾，于是她给出了这种性格的人喜欢出现的地方，即那些具有严肃学习气氛的地方，如俱乐部、数学系、瑜伽中心等比较私密的团体内部。在这些团体中，他们会变得活跃、畅快、热情、灵敏，而又言辞激烈。之所以出现这种判若两

人的情形，正是因为在这种场合他们面对的是少量的人，这些人与他们有相似的性格特征，并且这里的人与他们的生活或工作有一定的联系性，于是他们找到了安全感；另一方面是这些人头脑中有一些他们想知道和了解的事情，这些事情对他们的吸引力足以使他们冲破与人交往时产生的不安和恐惧。于是他们变得判若两人。

从以上的分析中可以看到，智慧型性格的人与人交往困难的另一个原因是，他们自认为比别人懂得多，所以总是表现出高人一等的样子，与人保持距离，让人难以接受。

此外，智慧型的人逃避人际关系的第四个原因是他们害怕自己有太多的情绪感受，而致使自己成为情感的奴隶，进而打扰了自己原本稳定的情绪和思想世界，就像英国剧作家、诗人、散文家，与萧伯纳齐名的才子王尔德所说："感情会使我们迷失方向，而科学则是不动感情的。"于是他们将自己推入心灵及求知的世界，认为只有这样才是安全的。表面上看起来这种性格的人情绪冷漠、僵化，但是逃避并不能掩盖事实的真相，他们的内心是多感而热情的。

总结以上的分析可以看到，智慧型的人在人际交往中，给人冰冷、难以接近、城府深、高深莫测又高人一等的感觉。这样的感觉容易使他们的人际关系变得紧张，而紧张的人际关系又促使这种性格的人更加远离人际关系的范畴，如此一来便会形成恶性循环。因此，与这种性格的人相处，一方面要协助他们发挥自身的长处，成为业内专家；另一方面也要让他们了解自己冰冷的态度对别人的影响，邀请他们对其他人的表现进行评论，多参与一些与他们的生活和工作有一定联系的活动，并对他们的社交活动和表现给予一定的鼓励和赞赏。

小贴士

英国哲学家伯特兰·罗素认为："生活是一种充满快乐和希望的冒险活动，这种活动是基于建设的愿望，而非保持自己的所有财产或是获取他人财产的欲望。"智慧型的人也许更需要深刻地体会这句话的含义，使自己的生活趋于一种更加完美的状态。

2

贪婪与吝啬是智慧型人格的典型表现

贪婪是人类与生俱来的一种心理和行为，这从小孩子对喜欢的东西要多拿一些的举动中便可窥见一斑。吝啬在心理学上是一种极端的自我中心主义的表现，描述的是个人对自己的金钱、财物、力气、能力、时间、知识等过分爱惜的一种特殊态度。一直以来贪婪和吝啬被人们普遍视为一种人性上的缺点，在生活和文学中加以批判和排斥。但是随着时代的发展，这些关于贪婪和吝啬的观点也受到了一些挑战，当贪婪出现在人们对知识的渴求上时，这种贪婪变得不再那么令人厌烦。

吝啬在现代都市生活中发展成为一种新的生活潮流，成为都市人主动追求的一种生活态度，他们的吝啬表现在他们对价值的衡量上。其具体体现在对小钱的吝啬上，如节省几毛钱的公车费；对大钱的大方上，例如花几千元参加一次英语培训。乍一看现代生活中的吝啬一族仿佛是一个矛盾的集合体，究其矛盾行为的心理因素可以发现，这是他们提高生活品位的一种方式，在他们的观念里生活就是“只选对的，不买贵的”。不同的物品，不同的事件对于不同的人具有不同的意义和价值，人们衡量价值的差异决定了他们愿意为之付出的成本的多少，这是明显的带有实用主义性质的行为特点和心理特征。著名心理学家奥尔波特的研究也表明，幸福感对经济生活中有至关重要的影响，所以现代人把对生活幸福快乐的定义，与他们表现出的新吝啬主义完美地结合了起来。这是现代社会对于贪婪和吝啬的重新诠释，那么这两者在智慧型人格特征上又是以一种什么样的形式各自表现的呢?

贪婪和吝啬是智慧型人格的两大特点，他们的贪婪表现在对于知识的储存和资料的搜集上，他们永远都觉得自己的知识储存不够多，资料不够丰富。马克思曾经说过：“越是多读书，就越是深刻地感到不满足，越感到自己知识贫乏。因为科学是奥妙无穷的。”智慧型的人就像一个永远不会吸满水的海绵体一样，无时无刻不在吸收知识，以至于在外人眼里，他们变得贪婪而不可思议。

牛顿就是这样一个人，他出生于英格兰林肯郡的一个叫做乌尔斯普的小镇上的一个农民家庭，在他出生以前父亲就去世了。而他三岁时母亲就改嫁给一位牧师，牛顿只好与祖母相依为命。因为缺少了父母的关爱，牛顿自幼沉默寡言，性格很是倔强，这种性格使他没有朋友，于是他将自己的注意力更多地转向对知识的学习和研究上来，如摆弄机械、绘画、雕刻、研究日晷等。上学以后他刻苦读书，以致常常忘记了干活。即使他的学习成绩并不是很好，但这并不影响他对于知识的渴求和吸收，反而是越发地喜爱读书和做各种小实验，很多人都不能理解他，觉得他是浪费时间。但是他的一位叔叔却对他很有信心，他鼓励牛顿上大学。于是在1661年牛顿以减费生的身份进入了剑桥大学三一学院，在这里，牛顿掌握了算术、三角，学习了欧几里得的《几何原理》，阅读了开普勒的《光学》、笛卡儿的《几何学》和《哲学原理》、伽利略的《两大世界体系》、R.胡克的《显微图集》、皇家学会的历史和早期的《哲学学报》等，牛顿非常珍惜这段学习的时间，常常忘记了吃饭和睡觉，娱乐的时间更是没有，牛顿这样不知疲倦、贪婪地吸收着知识，以致他的老师——精于数学和光学的巴罗极力称赞牛顿的数学才能超越了自己。

牛顿毕业以后就从事了科学研究，对知识的吸收变得更加贪婪。有一次，他的保姆有事要临时离开一下，就让牛顿自己煮鸡蛋吃，她告诉牛顿水已经烧开了，鸡蛋放在旁边的桌子上，正在做研究的牛顿头也不抬地嗯了一声，表示知道了。保姆回来问牛顿是否煮好鸡蛋了，牛顿依然没有抬头，只回答了两个字：“煮了。”可是当保姆掀开锅盖的时候她惊呆了，锅里煮的竟然是一块怀表，鸡蛋还原封不动地放在桌子上，原来牛顿忙于研究，胡乱抓了一块怀表放在了锅里。

智慧型的人对知识的贪婪在这种日常生活琐事中表露无遗。而他们的吝啬又是怎样的一种表露状态呢？他们的吝啬表现在对物质生活的需求上，一方面他们不在乎外表的装扮，认为穿着与生命无关，为了收集资料和读书，他们没有时间去打理自己，甚至觉得打理自己是在浪费时间，依此类推，他们认为生活中大量的活动是毫无意义的，弄不明白人们为什么要在生活琐事上忙来忙去，浪费时间，于是他们会仔细地安排自己的精力和时间，不让自己置身于生活的琐事当中。另一方面为了减少时间的浪费，他们很少外出，并与外界保持有限的联系。他们与自己的心灵做伴，从中获得无尽的欢乐。生活在自己的内心世界的他们表现得异乎寻常的独立，除非他们感觉到欲望的侵蚀，否则他们不会产生任何的缺失感。即一旦他们缺少了某一样必需品，就一定会想方设法弄到手，当他们贪婪地占有了某些物品或者人的时候，他们会对这些物品或人表现出极度的吝啬，他们努力地节省再节省自己的生活必需品，以减少再一次去获取的过程；对于自己珍视的书籍和资料是坚决不允许别人触碰的，更不用说借用或是索取；对于自己依赖的人他们需要这个人时刻能给自己提供必需的帮助，否则他们会感受到不安和被侵犯了。

亚里士多德是古希腊最伟大的哲学家、科学家和教育家，他在雅典的柏拉图学园学习时表现得很出色，被柏拉图称为“学园之灵”，因为在学术上与大谈玄理的老师柏拉图有分歧，他努力地收集各种图书和资料，为自己建立了一个图书室，这间不算很大的图书室里有他非常珍爱的各种书籍和资料，所以他非常看重这间图书室，除了最信任和亲密的几个朋友可以有所限制的进入之外，其他的任何人都不可以进入，更不用说是借阅了。

可见，智慧型性格的人的吝啬就是以这种方式来表现的。他们的吝啬是以吸收和探索知识为轴心的。也就是说，某一样东西如果有利于他们更好地去探索知识，那么他们会对这一样东西非常看重，不允许任何人和事情侵犯到这样东西。对于那些与他们渴求的知识没有什么太大联系的事情或是物品，他们可以不闻不问，甚至可以大方地给予别人。

俄罗斯有一句谚语叫做：“谁吝啬时间，时间对谁就慷慨。”可见吝啬也并不一定都是不好的，合情合理的“吝啬”也是一门学问，小处要吝啬，大处要投资，这样才能有一个优质的生活。对知识贪婪一些也无伤大雅，中国人讲究中庸之道，只不过不要时时事事都贪婪，特别是在财物上要做到“君子爱财取之有道”。

事实上，不同的人际关系的建立和维系需要不同的方式，例如与客户的关系就是利益的关系，需要涉及金钱的问题，有些时候多花一点钱就能搞定；与亲人的关系是血缘关系，无论什么时候都不是钱字当头，而是需要更多感情的投入，所以合理适度的“贪婪”和“吝啬”，与有方向的大方相结合，才是生活的意义所在。对于这种智慧型的人表现出的贪婪和吝啬，我们要看到其本质所在，并给予一定的理解和容忍，更多的是要看到这两种特质背后的优点，这样才能与这种性格特征的人很好地相处下去。

3
丰富的想象力：智慧型冷静分析者的隐形翅膀

想象是对头脑中已有的表象进行加工改造形成新形象的过程，想象的基本素材是表象，即曾经感知过的事物在头脑中留下的形象。想象分为无意想象和有意想象，有意想象包含再造想象、创造想象和幻想，而幻想包含理想和空想。智慧型人格的人具有丰富的想象力，这种丰富的想象力为他们探索知识插上了一双隐形的翅膀。

著名物理学家爱因斯坦曾经说过：“想象力比知识更重要，因为知识是有限的，而想象力概括世界的一切，并且是知识进化的源泉，严格地说想象力是科学研究中的实在因素。”爱因斯坦不但是这句话的创造者同时也是实践者，他的广义相对论就是在头脑的想象实验中被发现，而后才被科学实验加以证明的。科学巨匠们对想象在科学研究、知识获得和创造中的重要作用有着强烈的共鸣。他们总是在有意识或是无意识地借助自己的想象力来发明和创造，牛顿能够从苹果落地这一看似再简单不过的事情中发现万有引力，就归功于他丰富的想象力；爱迪生能够搞出那么多的发明创造，成为一个大发明家，很大程度上也归功于他的丰富想象力。

自然科学家需要丰富的想象力，文学艺术家更是将想象力作为自己艺术生命的根本。英国著名作家康拉德·约瑟夫曾经说过：“每一个时代都是靠幻想养育的，以免人们过早地放弃生活，使人类走向死亡。”法国著名作家雨果说：“想象就是深度。没有一种精神机能

比想象更能自我深化，更能深入对象，这是伟大的潜水者。科学到了最后阶段，便遇上了想象。”西班牙著名画家哥雅说：“缺乏智慧的幻想会产生怪物，与智慧结合的幻想是艺术之母和奇迹之源。”可见这些文学艺术家对想象力的依赖有多么巨大，可以说没有想象力的文学艺术家将不能被称为真正的文学艺术家。想象力是如此的重要，以致历史学家、哲学家、人类学家等，每一个学科领域的学者们都不能忽视它、舍弃它。

然而，智慧型人格的人之所以具有丰富的想象力，是因为他们具有丰富的知识积累，因此他们的想象力更多的是一种有意的再造想象或是有意的创造想象的过程。著名科学家、诺贝尔物理学奖获得者杨振宁在谈到他的老师——被誉为美国氢弹之父的物理学家泰勒时说，泰勒的头脑中每天都会产生很多个稀奇古怪的念头，无论碰到什么人他都跟人家说起他这些稀奇古怪的想法，并且希望跟人家讨论这些想法，正是这些整日的“胡思乱想”使他对20世纪的物理学做出了不可磨灭的贡献。

想象力是发明创造力的源泉，想象力同时也是提高国力的重要途径，美国畅销书、轰动全美的权威报告《我是最懂创造力的人物》中有一句宣言式的总结，即强大的美国来自于想象力和创造力。之所以做出这样一句总结，是因为此书的作者亚历斯·奥斯本博士在他大半生的研究过程中，几乎踏遍了美国的各个大学和数以千计的企业，从中发现了想象力中蕴涵的巨大能量，以及想象力和创造力之间密不可分的关系，也可以说成是想象力和创造力的不可分割性，而正是这种丰富想象力带来的创造力为美国的科技发展和经济发展插上了腾飞的翅膀，造就了如此强大的美国。而美国也十分重视培养孩子们的丰富想象力和由丰富想象力带来的巨大创造力。

如今，作为人的“逻辑脑”的左脑可以被机器人所取代，但是拥有着取之不尽的能源和能量的“想象脑”——右脑，却很难被其他东西所取代，因为它的复杂程度不是机器设备的能力所能达到的。所以说智慧型人格所具备的丰富想象力无论对他们自己来说还是对一个团体或者国家来说都是一种非常宝贵的财富，这种财富不是任何有价值的东西能够衡量的。

小贴士

在与智慧型人格的人交往时，要看到他们丰富想象力背后的价值所在，挖掘和开发他们的丰富想象力所蕴涵的价值财富才是人际发展的关键所在。

4 抽离是调整情绪的最佳手段

智慧型人格的人是理智的，理智的人看待生活会更加客观，这种性格的人表达这种客观的态度时采用了“抽离”的方式。所谓抽离是人们转移感觉的能力，这种能力可以让人们不用那么直接地透过自己的感官来感知这个世界，而是运用大脑思考生活的方式来感知生活。实际上，采用这种方式我们可以思考很多我们不能实现和达到的生活，例如，假如我是一条鱼，我生活的水域被污染了我该怎么办？假如我的大脑只是一台超级计算机，我会有感情吗？

关于“抽离”在人格特质中的表现，全球九型人格创始人之一的海伦·帕尔默在她的《职场和恋爱中的九型人格》一书中是这样描述的：“抽离，是一种内心的活动，是一时的分裂而不是外在的隔离。”同时她还提出，抽离还可以成为一种心理疗法，治疗的方法就是抛弃那些对你造成伤害的东西或事情，如果伤害还在就让自己想些别的事情，以便将自己从伤害中抽离出来。

智慧型人格的人之所以选择从与自己相关联的事件中抽离，是因为他们害怕暴露自己的内心。他们对人心的不可控制存在着根深蒂固的恐慌，这种不可控制性让他们感到深深的不安，他们不能把握人们看到他们的内心时是一个什么样的反应，对人们反应的不确定性使他们不愿意敞开自己的心扉，而将事情讨论的范围仅仅局限在事情本身上面，不与自己的内心产生情感上的链接。也就是说，在别人看来他们依然在和别人交谈，但是他们的心已经不在所谈论的事情上了，就像是他们有分身术一样的神奇。

另一方面，抽离可以让智慧型人格的人更加清晰地看清楚事件的整个脉络，能够让他们更加理智地对整个事件作出正确的分析和论断，而正确的分析和论断使智慧型人格的人能继续保持知识丰富、内涵深刻的形象，这种在别人心目中固有印象的保持是他们能够做到内心平静的重要支撑。另外，抽离还能让智慧型人格的人保持思想的独立性，让他们有机会百分之百地用思想来做人。

事实上，智慧型的人对于抽离的依赖也是因为他们在抽离中得到了好处，他们体验到了抽离的神奇“疗效”，它可以令人从悲伤、痛苦、恐惧、沮丧等负面的情绪中解脱出来，用一种更加客观冷静的态度来分析和面对这些负面的情绪。例如在心理辅导当中我们经常能看到这样的对话情境：

心理辅导师：“你感觉现在心情怎么样？”

被辅导人：“我依然感觉很悲伤。”

心理辅导师：“你对自己的悲伤有什么样的感觉？”（引导被辅导人走向抽离状态）

被辅导人：“感到很无助。”（悲伤的负面情绪能量被降低）

心理辅导师：“假设你是一个受人崇拜且非常坚强的人，那么你会怎么看待你的悲伤呢？”（引导被辅导人再次从悲伤中抽离）

被辅导人：“坚强地面对吧，失去也是一种获得。”这时候的被辅导人可以说已经逐渐走出了自己悲伤难过的负面情绪，开始用一种比较积极的状态来看待自己遇到的难题了。

在生活和工作中任何人都难免会遇到各种各样的负面情绪，如紧张、恐惧、悲伤、愤怒、嫉妒、自满、埋怨等。这些负面的情绪如果不能得到及时、有效的排解或疏导就会严重地影响到我们正常的生活和工作，而不正常的生活和工作会进一步加重我们的负面情绪，所以，认识和学习智慧型人格中这种“抽离”的特质能让我们的生活和工作远离负面情绪的“残害”，使我们保持积极乐观的态度和愉悦的心情。

小贴士

有效地控制自己的情绪，将自己的情绪调整到最佳状态，为工作和生活做出详细的计划是现代生活和交际中所必须具备的能力。在与智慧型人格的人交往时应该看到并重视他们这种人格特质，根据他们这种特质给他们安排相应的工作，理解和适应他们这种习惯抽离的思维方式，只有这样才能够充分调动他们的积极性，也只有这样才能为我们的整体人际关系画上圆满的句号。

5
崇尚自由：智慧型冷静分析者的终极目标

智慧型人格的人可以说是九型人格中崇尚自由的典范。在心理学上自由就是人能够按照自己的意愿来决定自己的行为。它是一种令人免于恐惧、奴役和伤害，并且满足自身愿望以达到实现自我价值的一种和谐舒适的心理状态。智慧型人格的人对于自由的渴望源于他们对与人交往中的不安，甚至是恐惧，以及他们在思想的海洋里遨游时不被打扰的心理需求。

格式塔心理学家考夫卡在其《格式塔心理学原理》一书中把环境分为地理环境和行为环境。前者指现实的环境，后者指个人意想中的环境。在书中考夫卡认为行为产生于行为环境，并且会受到行为环境的影响。智慧型人格的人对人际交往的抗拒行为，使他们对环境的选择也表现出一种独立性和自由性的要求。

智慧型人格的人对独立和自由的强烈渴望虽然使他们的人际交往变得更加困难，人际关系变得更加薄弱，但是这种独立和自由也使他们能够取得令人瞩目的研究成果，获得思想的不断升华，进而为人类创造出大量的精神财富，有力地促进了人类文明的长足发展。

不过与自由相对的是严格的自律，智慧型人格的人不会因为得到了充分的独立和自由，就丢弃了意义和作用重大的自律。我国古代伟大的哲学家和思想家，道家学派创始人老子的理想人格就是培养自由与自律相统一的人。自律是自由能够长久生存的基础，应该看到没有自律的自由是不能长久的，例如，智慧型人格的人拥有了思考的自由，但是他不能做到将自由的思考圈定在与自己的研究领域有关的范围内，而是思考一些毫不相干的事情，也就是说他没有这种控制思考内容的自律性，那么他的自由思考将不能给他带来任何研究成果，如此长久下去，他的自由思考将得不到任何人的认同和协助，从而最终走向被自由思考抛弃的地步。

拥有智慧型人格的人，其自律表现在他们有序地安排自己的生活和工作方面。他们将自己的生活和工作有条不紊地分成几个方面，每一个方面要做些什么都有很严格的规定和约束，就像在计算一道数学题目一样精准；在时间方面他们将自己的时间也分成好多个段落，在什么时间做什么也被他们安排得井井有条。这种经过精心安排的有条不紊、一板一眼的生活和工作不但实现了他们的自律，同时也让他们找到了安全感，因为一切都在他们的掌控之中。这种能够掌控局面的感觉是他们一直梦寐以求的一种生存状态，既然它能发挥自律的作用，他们又何乐而不为呢。于是自由和自律就在智慧型人格的人身上形成了一种良性的循环，这种良性循环使他们最初要求的自由得以长久保持。

小贴士

自由是智慧型人格的人承载自己思想和研究的船，如果没有了这艘船，那么他们将会在思想的海洋里寸步难行。所以在人际交往中，要意识到充分的自由对智慧型人格的重要性，自由像他们赖以呼吸的空气，没有了自由呼吸的空气，智慧型人格的人会因此窒息而“亡”。

6

理智的为人处世方式，是一门必修的素质修养课

理智，是指人们辨别是非以及控制自己行为的能力。著名的古希腊思想家苏格拉底曾经说过：**“有理智的教育和培养能带来益处，而失去理智将带来危害。”**著名作家塞·约翰生也曾经说过：“理智像太阳，它的光是恒久不变的，持续的；而想象，则像发光的流星，不过是稍瞬即逝的闪耀，其活动无规律，其方向亦不固定。”自古以来人们就对理智充满了敬意，理智也确实对人们的生活起到了很大的规范作用。可以说，无论什么时候，理智地看待事情和处理事情都不失为一种高尚的境界，小到两个人大到两个国家之间的交往都是如此。

人是社会交往中的主体，人的性格往往决定了社会交往中的理智程度的高低。在九型人格当中，最理智的人要算是智慧型的人了。他们的理智表现在他们对于知识的汲取和科学研究的严谨的态度上。例如，一项科研成果的及早公布能够给科学家带来很高的个人荣誉，甚至能够奠定他们在某一个领域中的领袖地位，但是智慧型人格的科学家是不会为了这个虚无的名誉而有失科学的严肃性的，在没有确切的数据来证明他们的科研成果，或是没有严格的理论来作为他们研究成果的坚实后盾的情况下他们是不会失去理智，随意将自己的研究成果公之于众的。这种理智不仅仅表现在他们对于知识的态度上，也表现在他们将理智运用到自己的社会职务之上。

有些智慧型的领导，在他们的领导岗位上充分地表现出了这种

理智的人格特质。德国病理学家微耳和不仅拥有高超的医术，创立了细胞病理学说的思想，而且还是一名热心为民众疾苦奔走的人。

1848年，在德国普鲁士西里西亚爆发了大规模的流行性斑疹伤寒病，刚参加工作不久的微耳和，闻讯后马上带领一支医疗队前往疫区支援。冒着被感染的危险，他在疫区夜以继日地工作了整整三个月。在这三个月中他亲眼目睹了灾区人民的疾苦，这些带给他很大的震动，此时，他更加明确了自己的责任和义务。结束救护工作回到柏林后，他草拟了一份疫区调查报告投递到了报社和政府。报告中，他一针见血地指出了造成民众疾苦最根本的病因所在，同时还提出了一系列就是在今天看来都是非常激进的改革措施和建议。可是他的这一举动激怒了掌权者，他的建议不但没有被采纳，反而给自己惹来了麻烦，险些被关进牢房。

失去了工作职位的微耳和并没有因此失去理智和郁郁寡欢，反而是斗志昂扬地参加了推翻封建政府、建立民主制共和国的战斗行列。在这期间，他除了进行医学研究之外，还积极地参加政治事务，为民众的疾苦奔走，医治着社会的创伤与苦痛，并逐渐成为德国自由进步党的领导人之一。利用自己手中的权力，微耳和大力推进了公众福利事业的发展和改进，这些举措很大程度上消灭了猖獗于德国和欧洲的流行性疾病。他这种不畏强权和威胁，为民众利益奔走游说的行为大大激怒了掌权的官僚们，以至于首相俾斯麦都提出要求与他进行决斗。而理智的微耳和轻蔑地拒绝了这种中世纪老掉牙的愚蠢行径。

理智的微耳和用自己的学识、胆识和对民众的诚实赢得了德国人民的无限尊敬，就是俾斯麦和国王也不得不佩服他在学术界和政治界取得的巨大成就。于是为了表达对科学家的无限敬意，在微耳和80岁寿辰的那天，德意志帝国皇帝亲自下令，整个柏林城举行万人火把大游行，为科学家祝寿。

这就是智慧型人格领导人在自己的工作岗位上做出了巨大贡献

的例子之一，**正如俄罗斯著名作家果戈理所说的：“理智是最高的才能，但是如果不克制感情，它就不可能获胜。”**情感和理智是一对永远也分不开的亲密伙伴，他们往往表现为一方弱小，另一方强大。而智慧型人格的人正是属于这种理智大于情感的人群。

在社会交往中要看到智慧型人格特质中这一很大的优点，创造一切可利用的机会，来发挥智慧型人格的这一特质。因为在现代社会中理性的言谈举止，理智地待人接物已经成为每一个从事社交活动的人的一门必修的素质修养课程。没有理智，就没有理性的思维，没有理性的思维就没有理性的为人处世的方式，继而也就不会有良好的人际关系，这样一来，也就没有我们良好的生存环境。

第七章

看穿忠诚型怀疑论者的心理密码——忠于职守是最大的人生信条

忠诚型人格的人又被称为怀疑论者，这是九型人格中很复杂的一种人格，这种复杂性表现在他们忠诚而又怀疑；喜欢掌控，而又害怕出头；不喜欢暴露自己，却又渴望能够展示自己的力量；容易情绪化，又是逆境中的人最坚强的后盾；勇敢地承担工作中的难题，却又害怕取得最后的胜利。这种复杂的人格令人们在工作和生活之中会对他们产生一种迷茫的感觉，认为他们很难捉摸。但是也不能因为难以捉摸就不去与这样的人交往，毕竟这种人格也有这种人格的优点。此章我们就通过剖析这种人格的特质，来解释形成这种复杂人格特质的原因和这种人格特质所包含的具体方面，并将深入地解说这些方面的优劣，找到在社交中正确的应对态度以及合理的应对措施，为我们与这种人的顺利交往寻找一条可行之道。

1
高度忠诚：怀疑论者的处世原则

忠诚是人生一种宝贵的品格，一个人如果具备了这种宝贵的品格就很有可能为自己赢得非凡的人生。忠诚是一个人对发誓效忠的对象或人的一种真心诚意、永无二心、竭尽全力的表现。它代表着诚实、守信和服从。在九型人格中怀疑论者也被称为忠诚型人格，这正是源于这种人格的一大特质——忠诚。

忠诚具有神奇的魔力，它能够促使身边的人愿意接近你，能够让你在企业中谋得一份好差事，能够使你的人际关系呈现良好的局面，那么忠诚型人格的人是如何具备这种忠诚的人格特质的呢？对此，心理学家奥尔波特研究发现，忠诚型人格的人在童年时代内心失去了安全的感觉，这种感觉让他们恐惧，恐惧让他们依赖以规则保护自己的权威，这成为他们一种根深蒂固的信念，于是他们对规则和权威的依赖就表现为一种对规则和权威的高度忠诚。

美国心理学家鲁宾逊在顾客忠诚度的心理契约研究中指出，一旦做出某种承诺，这种承诺就成为一种感知的义务或责任，它使人们相信能够从这种关系的互动中获益，此时就产生了心理契约。从心理契约理论角度来看，顾客忠诚就是顾客根据自己消费的经历和体验，相信企业的产品、服务等有形和无形承诺能够兑现，从而对企业产生信赖感，并认为未来长期购买能够实现自己所期望的价值。这虽然只是顾客在消费过程中的一种忠诚度的表现，但是其中的心理契约理论具有普遍性，对于忠诚型人格的人来说，当他们一旦对某种规则或是某个权威做出了承诺，他们的承诺就成为促使他们服从规则和权威的一种感知的义务和责任，因为他们相信他们能够从这种服从规则和权威中获益，此时他们与所服从的规则和权威中间就产生了一种心理契约。这种心理契约使他们的忠诚度能够长久地保持下去，当然这是在没有遇到特殊情况而言的。

那么，究竟是什么样的特殊情况才会令忠诚型人格的人的忠诚发生改变呢？这种人格的人对规则和权威产生心理契约之后，如果规则发生改变，或者是他们发现了权威的弱点，那么他们就会对规则和权威失去信心，认为它们不能够保护自己的利益，他们失去了安全感，那么这时候忠诚型人格的人就会选择放弃原来的忠诚，转而重新寻找值得建立心理契约的规则和权威。因此，无论是在哪个领域，要想拥有本领域所涉及的人的高度忠诚就需要遵守心理契约之前设定的各种规则，就需要保持权威的完美性，如果不能够做到这两点那就需要做好重建人们忠诚度的心理准备。

众所周知，作为一种时尚职业的足球运动员是一种人员流动性很大的职业，但是在欧洲足坛就有四位被评为最忠诚球员的现役球员，他们分别是萨内蒂、托蒂、吉格斯、皮耶罗。这四个人分别在自己的职业生涯中创造了很多个辉煌时刻，赢得了人们的尊敬，同时也为自己带来了丰厚的收入。

作为莫拉蒂入主国米后买来的首位球星，当时年仅22岁的阿根廷小伙子萨内蒂在国米一待就是十五年，十五年的奋斗使他成为球队中的旗帜型人物，并且成为国际米兰现役球员中效力俱乐部时间最长的人。现年35岁的托蒂早在16岁的时候便已经代表罗马出战过意甲联赛，如今将近20年过去了，无论是高峰还是低谷，他都选择了罗马队，不出意外估计这位忠诚的意大利足球运动员将会在罗马队效力到退役。早在14岁时，就来到红魔青训营的吉格斯，在20多个年头里，为曼联夺得了将近30个冠军，这样辉煌的成绩自然使吉格斯成为红魔球迷眼中的旗帜人物，这位忠诚的球员也必将在红魔留下自己最深刻的印记。作为尤文图斯队长的皮耶罗，在赛场上他就是尤文图斯队员的主心骨，从1993年为尤文效力至今，也已经将近20个年头了，他为尤文赢得了6次意甲联赛冠军，也收获了欧冠冠军，他成为尤文图斯俱乐部历史上进球最多的球员，不出意外他也将在这支球队结束自己的职业生涯。

相对于其他行业来说，足球运动员的职业生涯是短暂的，他们能够将自己短暂的职业生涯中的几乎全部时间奉献给一支球队，竭尽全力地为这支球队奉献自己的黄金时光，无论在球队的高峰还是低谷都选择留下，这种高度忠诚的精神是值得钦佩和赞赏的。在球场上忠诚使球员和俱乐部之间获得“双赢”，而在其他行业忠诚的人也一样会得到人们的信任。

人们对忠诚的推崇，固然是社会精神文明的一种进步，但是这种进步一定要建立在对有价值的人和事的忠诚上，而不是盲目的忠诚。有价值的忠诚可以促进社会的进步和发展，可以充分体现个人的社会价值；而盲目的忠诚只会让人成为社会的蛀虫，葬送自己的大好前程。所以，**人们一定要擦亮眼睛，仔细斟酌一番看看自己将要为之奉献的人和事是否具有真正的价值，千万不能鲁莽行事白白浪费自己宝贵的忠诚。**

在生活和工作之中无论扮演什么样的角色，也无论身处什么样的职位，对于那些表现出忠诚的人一定要加以重视，给予一定的空间充分发挥他们的优势，使他们能够成为某一方面的骨干力量；对于那些忠诚型人格特质的人要善于去发现他们，采用各种手段去激发他们的忠诚。只有这样生活才能更加美满，工作才能更加顺利。

2

满腹怀疑，权衡得失：是不是你犯了错？

“怀疑是因为失去了信念”，这是全球九型人格创始人之一的海伦·帕尔默在她的《职场和恋爱中的九型人格》中对怀疑论者怀疑本质产生原因的论述。从这个论述可以看出，怀疑论者之所以对事情充满怀疑，从本质上来说是因为他们失去了对自己原本坚持的规则和权威的信任，他们需要通过自己的怀疑来看清事情的本质是否与自己的价值观相一致，从而重新建立自己的信念。进一步分析能够发现，这源自他们害怕的心理体验。然而，怀疑也让他们学会了保持很高的警惕性，学会了质疑权威，学会了去弄清楚人们心里和话里的真正意图，学会了去仔细寻找每一件事中潜藏的真实含义。

怀疑是怀疑论者人格的一大特质，心理学研究发现，怀疑论型人格的人将自己的怀疑表现在内心的疑问上，即探查外表背后隐藏的内心，在他们看来，一个下意识的动作要比一张令人舒适的笑脸更重要，更值得深入研究。因此，他们在自己的内心经常不断地询问着：这是什么意思，暗藏了什么，动机是什么，能令人相信吗，值得交往吗，要求会不会过分呢，等等，无数的疑虑在他们的脑海里盘旋。所以怀疑论者将自己的注意力转移到探求事情的本质上，而将那些礼貌得体的态度、高贵优雅的衣着打扮、美丽可爱的外表放在一边。

怀疑自己的能力是怀疑论型人格的人常常产生的一种感受。在他们受到一些打击的时候，会觉得自己的付出都是徒劳的，既然自己不能够完成手里的工作，为什么还要去做呢，这种怀疑自己能力产生的沮丧心情让他们失去了信心，产生了放弃的念头。针对这样的情况，不要监督和强制他们工作，在实际的工作中给这种性格的人树立一个好的榜样，让他们在榜样的力量下将自己的工作顺利地完成，一旦他们的工作产生了成效，他们就会重拾将工作做好、做完的信心。

对权威的怀疑也是这种人格的人经常遇到的一个问题。依赖权威是对权力的一种自愿的服从和支持，对权威安排的服从属于认同，怀疑论者需要权威给自己人格特质中的忠诚找到一种依赖，但是有些时候权威也会不自觉地表现出一种强制性，这就使得怀疑论型人格的人对权威表现出一种怀疑，他们质疑权威本身的权威性，这个时候就要避免用强制性的权威来给他们施加压力，要让他们通过质疑去发现事情的真相，让他们自己去说服自己。

处于长期情感关系中的怀疑论者在很多时候也会心存疑虑。尽管他们的疑虑经常会给伴侣带来痛苦，但是他们依然需要将自己的疑虑表达出来："你爱我吗？"在他们的伴侣看来，这是对自己忠诚度的质疑，不断重复类似的问题会让他们的伴侣恼火，但是如果不让怀疑论者将这种疑虑表达出来，久而久之这就会成为他们的心病，所以遇到这样的情况，伴侣们最好是不厌其烦地重复对他们爱的承诺。心理学家海伦·帕尔默通过研究发现，这种人格的人对情感的疑虑往往并不是他们所表达的问题的全部含义，就如他们"你爱我吗"的问题，其真正的含义是："你此时此刻爱我吗？"他们想确定的是当自己想到这个问题的时候其伴侣对自己的情感表现。

此外，怀疑论者对于自己的支持者也总是抱有一种怀疑的态度，他们怀疑支持者对自己的忠诚度，怀疑他们支持自己的动机和意图，怀疑他们对自己支持过程中的表现。而对支持者的过多怀疑往往会令那些人忠诚度降低，使没有不良动机和意图的人离开这些怀疑论者，这也许会使这种人失去一些很好的工作伙伴。

无论怎样，对于怀疑论者来说心存疑虑有很大的好处，这会使他们的思想异常精密，在不断产生怀疑、消除怀疑的过程中，他们可以对自己的工作做到精益求精。不断地心存疑虑也使他们能够长期地专注于一项工作，不需要即刻的满意。他们总是想着“这可能不行”“也许会有更好的方式”，这让他们看到事情中存在的很多漏洞，看到了那些带有欺骗性质的假象和被掩盖起来的错误，使他们成为解决麻烦问题的高手。更加重要的是心存疑虑使他们能够看穿他人的意图和动机，能够分辨出别人是友善的还是敌对的。对于那些领导岗位上的人心存疑虑可以让他们脚踏实地，即使取得成功也不会飘飘然，解决了目前的问题，他们依然会有其他的远虑，会立刻着手解决下一阶段面临的困难和问题。当然，在看到怀疑论者心存疑虑好处的同时也应该看到它的短处。

怀疑论者无时无刻不存在的疑虑使他们错失了很多本应该抓住的良机，失去了很多本应该能为企业效忠的人才，错怪了对自己忠诚和信赖的人，让他们的人际关系受到严重威胁；怀疑也令他们自身变得不安和害怕，变得小心翼翼，不能够放开手脚做事；当他们忽略明显的答案，而一心去寻找事情的内在含义时，他们内心那些关于怀疑的咄咄逼人的问题，很容易变成负面思维。

所以，怀疑论者要想获得成长就要重新对他人建立信任，在学习和尝试信任别人的过程中，要学会将自己内心的害怕和现实的危险度区分开来看待，学会在现实中看到希望，而不要仅仅因为内心的害怕而对别人充满疑虑。

在与怀疑论型人格的人交往时，要想取得他们的信任就要做到让他们彻底放心，即使在看不清楚未来的时候也要给他们以大力的支持，也要忠诚于他们的价值观和世界观。在他们产生怀疑的时候，放开手让他们去验证事实的真假，让他们自己来作出对事情的评判。如果是作为领导者遇到这种怀疑论型人格下属的话，应该做到全面看待这种人心存疑虑背后的优势和劣势，给予适合他们的工作，不能因为这种人心存疑虑就“一棍子打死”，永不录用。作为伴侣，面对总是充满疑虑的对方，一定要心平气和地对待，要看清楚他们的质疑在很多时候并不是对事情本身的质疑，而是对婚姻缺乏信心的一种外在表现，他们其实是想得到你对婚姻忠诚的一种承诺，无论这种承诺是以一种什么样的方式来表达，只要他们得到了这种承诺内心才能够安宁，生活才能够充满勇气。

3
情感智慧是化解不良情绪的良药

“大多数心理学家简单地认为，人类生存的根本动力就是饥饿、性欲和求生的欲望，其实情绪的作用大于所有的一切欲望。如果一个人觉得面前仅有的食物令他作呕，那么他宁愿饿死也不会吃下这些食物，尽管在别人看来那也许是美味佳肴——情绪能够战胜饥饿。性欲在情绪面前更是不堪一击，当一个人觉得恐惧或者恶心时，他也许根本不会有兴趣进行性接触——情绪能够战胜性欲。绝望会使人崩溃，甚至是自杀——情绪能够战胜求生的欲望。” 这是美国著名的心理学家、被誉为20世纪最杰出的一百位心理学家之一的保罗·艾克曼，在他的著作《情绪的解析：心理学专业必读书》的前言中谈到的情绪对人类生存的重要性。

每个人都经历过痛苦、悲伤、厌恶、恐惧或是愤怒，所以明白艾克曼的论述毫不夸张。而心理学家萨尔文·汤姆金斯也曾经说过，情绪是我们生活的原动力，它支配着我们一切重大的决定，这种说法虽然有些夸张（生活的原动力不只是情绪所能够包含的），但是我们不得不承认情绪在我们的生活中的确是非常重要的。

在九型人格当中忠诚型人格的人往往属于容易情绪化的人，因为他们具有很强烈的责任感，不能忍受生活和工作中那些不够努力的人。如果这些不够努力的人在他们的督促下仍然没有丝毫改变的话，这类人甚至会因为冲动而产生攻击性行为，当然这也是他们人格中容易焦虑的一种表现。情绪化产生的原因很多，艾克曼通过研究认为，虽然科学的发展还不能让人们从脑部的一些变化来解释情绪产生的原因，但却能通过情绪产生的途径和时间来分析情绪产生的部分原因，他认为人们之所以会变得情绪化的原因是，人们感觉到（无论这种感觉正确与否）影响自己生活的重大事件（好事或坏事）正在或即将发生，它的不断演进促使人们作出快速的反应。

海伦是一家上市公司的部门经理，整天忙于工作，以致经常忽略自己的丈夫汤姆和孩子比尔。汤姆只是一家大公司的普通职员，妻子的出色工作给了他很大的心理压力，于是他常常用喝酒的方式来缓解心理压力，如此一来比尔就被爸爸和妈妈丢给了保姆，他的学习状况变得越来越糟糕。海伦觉得汤姆在工作和生活上都不够努力，为此常常和他小吵小闹，但是汤姆羞于将自己的心理压力说出口，只是说自己喜欢喝酒就像海伦忠诚于自己的工作一样。海伦没有办法只能忍受，可是比尔的学习状况实在太糟糕了，以致老师认为比尔智力有问题，甚至劝比尔休学。为此，海伦和汤姆争吵起来，最后还动手扭打起来。但是事情并没有因为吵架解决，海伦带着比尔搬到公司附近的一间出租公寓里住了下来，夫妻两人为此分居了。在分居的这段日子里，他们都各自冷静了下来，聪明的海伦终于弄明白丈夫每天那种消极情绪的原因了，于是她主动向汤姆承认了自己的不足，表示会抽出更多的时间来照顾家庭成员，冷静下来的汤姆面对海伦的态度也承认了自己的心理压力，两个相爱的人重新生活在了一起。后来的日子里他们互相鼓励共同进步，汤姆的工作也干得风生水起，直至最后做到了公司总裁的位置。

心理学家罗杰斯研究发现，通常情况下，情绪对人们的影响是一种正面的影响，它能够激励人们为生命中重要的事情而努力奋斗，为人们的生活带来各种各样的乐趣，但是有些时候情绪化反应的结果却是糟糕的，他会给我们的生活和工作制造很多麻烦。这种麻烦就是那种不恰当的情绪反应造成的，这种不恰当的情绪表现在三个方面：一是我们的情绪化反应是正确的，但是有些过度了。例如，我们很生气，那么过分生气就是愤怒，愤怒就容易引起攻击性行为。二是我们的情绪是正常的，但是表达方式有问题。例如，你很愤怒，但是你却偷偷地采用伤害自己的行为来发泄，这就是一种幼稚的表现。三是情绪本身就是不恰当的。例如，你去爬山，山上有很安全的护栏，但是你仍然很害怕，很担心自己的安全，这完全是没有必要的害怕和担心。所以说，我们应该了解这些不恰当的情绪产生的原因，只有这样我们才能够找到正确表达情绪的方式。

对于忠诚型人格的人来说，正确地表达自己的情绪并不是什么难事，难得的是他们不能够从根本上控制诱导情绪产生的原因。忠诚型人格的人总是被焦虑所困扰，这种焦虑的心理体验使他们的神经经常处于紧张状态下，于是当那些能够对他们产生刺激的事件发生时，他们的情绪就会马上波动起来，但往往事情过后，他们也会感到自己的情绪反应有些过于激烈，从而对别人感到有些歉意，但是这种人格的人是很难张口向别人致歉的。

所以对于忠诚型的人来说，要想让自己的情绪正确地表达，从根本上来说就要减少自己焦虑的心理体验。一要认真分析引起焦虑的事件，看看这件事情是否值得焦虑，或值得焦虑的程度有多大。二要告诉自己焦虑是没有任何实际用处的，重要的是要想办法来解决这件事情。三要在生活中有意识地训练减少焦虑的一些方法，例如绘画、书法、音乐等。只有减少了焦虑的心理体验，才能够做到理智对待生活和工作中遇到的一些容易引起情绪变化的事情，才能够做到适当地表达自己的情绪，才能够像心理学家罗杰斯所说的那样真正实现情绪对生活和工作的正面影响，才能让情绪成为激励我们努力奋斗的原动力，为生活带来各种各样的乐趣。

在人生的旅途上不仅是忠诚型人格的人很容易情绪化，就是其他人格类型的人也常常受到情绪的操控，从而作出一些不合时宜的举动，甚至还有的人为自己的情绪化产生的不良后果而深深懊恼，但是懊恼过后又重新陷入情绪化的泥沼。所以现代心理学又提出了一种新的概念——“情感智慧”。所谓情感智慧就是说，一是你要发现自己的情感，了解它产生的原因；二是你要能够控制刺激自己情感的根源；三是你要能够操控情感，使它产生正面的影响；四是你要做到对别人的情感心中有数，明白别人的情感体验；五是实现融洽的人际关系和团结共进的氛围，从而体现出集体生活的生机和活力。**正如伟大的思想家约翰·米尔顿所说：“一个人如果能够控制自己的激情、欲望和恐惧，那他就胜过国王。”**

4

雪中送炭，逆境中最值得信赖的盟友——忠诚型怀疑论者

随着社会物质生活的日益丰富，人们对金钱的期望值不断增加，而人际关系却变得越来越薄弱，正如伟大的文学巨匠莎士比亚所说的那样：“生活如此现实，人情如此淡薄，都喜欢锦上添花，雪中送炭的无几个！”所以那些雪中送炭的人往往被人们看做是具有高尚品质的人，而忠诚型人格的人大都是能够做到雪中送炭的人。他们强烈且非常投入地支持处于逆境中的朋友，不计较个人的一时得失。

忠诚型人格的人之所以能够做到雪中送炭，无怨无悔地去帮助那些逆境中的朋友，是因为在他们的人格特质中具有强烈的自我牺牲精神，他们非常愿意牺牲自己的利益来消除别人的痛苦，在他们自我牺牲的过程中，他们的个人力量得到了充分的体现，这种个人力量的展示是忠诚型人格的一种心理需求，他们在这种展示中体验到安全和放松。也可以说，忠诚型人格的这种自我展示其实也是一种被需要的心理需求，这种被需要的过程压制和减弱了他们自身的欲望。他们需要的是能够影响别人，而不是被别人影响，如果他们被别人影响产生欲望，他们就会认为自己也是脆弱的，而一旦他们认为自己也是脆弱的话，就会令他们产生不安和恐惧的心理，这才是他们真正不能接受的一种状态，所以他们要展示自己的力量，就要做到被需要，能够影响别人，这些心理需求就导致了他们必须雪中送炭，伸手帮助那些逆境中的朋友。

美国著名女演员简·方达是忠诚型人格的代表人之一，她就是一个非常喜欢帮助别人的人。在美国，简·方达被称为“河内简”，这里还有一个在当时引起轰动的故事。

1972年，简·方达曾经孤身一人搭乘苏联的民航客机前往河内巡视那些被炸毁的平民区，探访那些挤满伤者的医院，在这一过程中，为了表达和宣扬反战的观点，她曾经坐在用作攻击美军飞机的高射炮上面拍照，这一举动在美国引起了轰动，受到很多越战退伍军人的指责，也令她得到了“河内简”的称号。在以后的一档电视节目中简曾经为自己的冲动伤害到了美国人而感到懊恼和歉意，但是她依然不为自己的反战观点作出让步，因为她同情那些在战争中受到无辜伤害的平民百姓。简的热心在她退出影坛以后不减反增，例如，为了帮助那些未成年少女，她创立了“青少年防止怀孕运动”，专门向未成年少女呼吁注意自身权利，以及揭示保持两性平等对维系彼此关系的重要性。她还捐款给哈佛大学的教育研究所，研究性教育；捐款给埃默里大学医学院开设“简·方达中心”，进行青少年的生殖健康问题的研究。这些行为令简成为了美国的慈善家，受到了人们的尊敬。

简·方达作为一个名人，她的一举一动都受到世界人民的瞩目，她帮助那些需要帮助的人，向社会展示了自己的力量和被需要的一面，尽管在这一过程中她受到了一些非议和不公正的对待，但是她的内心是充实的。所以说，**在生活中我们不要吝惜我们的帮助，应该意识到向别人伸出帮助之手，因为这样能帮助自己的心灵世界成长。正像法国作家拉布吕耶尔所说的那样：“最好的满足就是给别人以满足。”**

以上我们分析了忠诚型人格的人帮助逆境中人的心理原因，不过在此应该明确的是，雪中送炭，帮助逆境中的人固然是一件好事，但是也应该认识到绝不能为了满足自己的心理需求而盲目地奉献自己的爱心。有些时候有些人是不值得同情和帮助的。例如，在生活中经常会遇到这样的事情：一个看起来身体健康，年龄不是很大的人却伸手向你要钱，请求你的帮助。但是到了晚上这个人摇身一变又是下馆子，又是洗桑拿，简直阔气得令人羡慕，而你却在白天的时候将自己辛辛苦苦、起早贪黑挣来的钱放到了一个一副可怜相伪装的骗子的手里。遇到这样的事情恐怕就是最理智的人也不能够控制自己的愤怒情绪了，更不用说容易情绪化的忠诚型人格的人了。所以说，当人们准备付出自己的好心时一定要仔细地分辨自己为之付出的人和事情是否有价值，是否真正需要自己的付出，千万不要白白浪费自己的时间和精力，更不能助纣为虐。

在得到忠诚型人格的人对自己的帮助时，需要注意的是不要打击他们的积极性，在得到他们真诚帮助的（当然我们所说的是一般状况，并不包含特殊情况下的反面表现）同时，也要给予积极地配合和支持，只有这样才能令他们感觉到安全。反之，如果拒绝他们的帮助，就会严重地打击他们的积极性，因为此时他们会感觉到自己是不被需要的，是毫无用处的人，进而陷入对自己的能力的怀疑，对被帮助者拒绝他们的动机和目的产生怀疑，这种怀疑将严重影响他们的生活、工作和正常的人际交往，以及正常的情绪感受。

小贴士

在与忠诚型人格的人交往的过程中，要看到他们被别人需要的心理需求，为他们这种需求找到一个正确的宣泄出口。同时要客观正确地看待他们的需求，不要认为这种帮助别人的心理需求是带有很大功利性的。最后要发扬他们这种帮助别人的精神，应该看到在社会交往中你帮助别人，别人才更加愿意在你困难的时候伸出援手，若见死不救，甚至落井下石，最后也只能得到别人如此的对待。这种互相的援助也是社会和谐发展的重要动力。

5

在传统的基础上不断创新：怀疑论者的制胜法宝

传统是一个相对的概念，是相对于现代而言的，传统是一种过去经验的表达，能够作为传统流传下来的人类经验，一定是曾经对社会的发展起到过促进作用的经验，因此传统不能被忽视。忠诚型人格的人是非常注重传统的，他们对于一些传统的事情很在意，认为应该坚持。美国心理学家詹姆斯认为，这在很大程度上取决于这种人对改变的不安感。忠诚型人格的人希望一切都在掌握之中，事情在发生以前他们就应该做到能对事情操控，不能够控制事态的发展是他们所不能接受的。

传统具有稳定性，所谓传统就是一种不改变的，或者是改变很有限的社会经验。可以说，这一点恰好迎合了这类人的口味，使他们能够从传统的稳定性中找到他们的心理需求。

忠诚型人格的人对传统的注重表现在很多方面：一方面他们对传统的文化很注重，喜欢研究传统文化中的精华所在，并将这些精华运用到自己的学习、生活和工作当中。注意观察就能发现，在一些忠诚型人格人的书房或是办公室里经常挂着一些能够体现传统思想的字画，这些字画也正是这种人的心理状态或是人生追求的一种体现。无论这种追求传统文化的行为对学习、生活和工作的促进效果有多大，这类人对传统文化的学习都是值得提倡的。因为传统文化中包含了人类几千年的思想精华，只有研究传统文化才能建立起有价值的现代文明。

忠诚型人格的人对传统的注重还体现在他们的具体工作中。在工作中他们习惯采用传统的方式来解决问题。

英国的中餐大王卡伦·李就是这样的一个人，卡伦·李是一名华裔英国人，他出生在英国，生长在英国，但是却对中餐异常迷恋，于是大学毕业后他选择到中国来学习制作中餐。在中国的几年时间里他认真学习了中国的八大菜系制作技术，但是任何人也不可能完全掌握八大菜系的全部精华所在，于是在师傅的建议下他选择了川菜和鲁菜。选择川菜是因为他自己喜欢辣的口味，这可能与他的祖籍是四川有关系。选择鲁菜是因为鲁菜被认为是八大菜系之首。卡伦在师傅的教导之下进步很快，终于到了要回英国的日子，卡伦对未来的生活充满希望，他打算在英国开一间最棒的中餐馆。

信心十足的卡伦回到英国以后就马上着手创建了自己的中餐馆，并直接给它取名为“中国菜”。中国菜的名声很快在它所在的街上传播开来，因为它是这里的第一家中国菜馆，那些喜欢尝鲜的外国人争相光临中国餐馆，卡伦心里乐开了花，可是没过几天人流就稀少了下来，卡伦很纳闷，自己的菜品和服务并没有什么不妥啊。又过了几天生意更加惨淡，卡伦终于耐不住性子了，他不得不主动造访那些曾经光临过他饭店的人们，希望能够从中发现些什么。最后卡伦终于明白了事情的真正原因，正如他造访的一位大学教授所说的那样：“你那里只是满足了我尝鲜的好奇心理，但是让我像吃黄油面包那样天天吃中国菜的话我就疯了。”明白事情真相的卡伦开始在心里挣扎是放弃纯正的中国菜肴的制作，研究适合英国民众的中国菜肴呢，还是坚持制作最纯正的中国菜肴呢。他始终不能决定，因为从他的内心来说他喜欢真正的中国菜肴，认为它健康而美味，应该向全世界推广，但是现实却是，他的纯正的中国菜肴并不能够为他带来经济上的收入，如果再坚持一段时间的话就会破产。于是在万般无奈的情况下，卡伦不得不选择了放弃纯正的中国菜肴，转而研究适合英国民众口味的中式菜肴。在自己的努力下卡伦的中国餐馆又活了过来，他开始在经济上宽裕起来，开始成为英国人口中的“中餐大王”，但是他并没有因此而感到高兴，他认为自己篡改了中国菜肴的精华，是不值得骄傲的，于是为了满足自己心理上的需求，他又重新开设了一间高档的中国餐馆。尽管这家高档的中国餐馆仅仅能够维持基本的收支平衡，但是卡伦感到很满足。

卡伦的事例就是一个忠诚型人格对传统执著的一种深刻的表现，他迷恋传统的中国菜肴的制作，将它运用到自己的工作中，但是传统并没有给他带来好处，反而是限制了其发展。从而可以看出传统固然有其优越性，但是一味地坚持传统也会阻碍工作和事业的发展，只有在传统的基础之上进行改进和创新才能够取得长足的发展。餐饮业中这样的例子很多，著名的肯德基和麦当劳就是很好的例子，为了适应中国人的口味，他们不断地推陈出新，将中国的消费者牢牢地吸引住。还有中国的川菜，为了能够在全国打开局面，川菜创出了新派，适应了各地人们的需要，为这一菜系的长足发展开创了新的局面。所以说在对待传统这个问题上要有正确的态度和方法，只有这样才能够彰显传统的真正价值，才能够让传统为我们当下的学习、生活和工作发挥指导或规范作用，不至于成为时代发展的“绊脚石”。

那么，究竟应该采用什么样的态度和方式对待传统才是正确的呢？**著名科学家牛顿曾经说过：“我之所以有所创造是因为我站在巨人的肩膀上。”**牛顿的话毫不夸张，如果没有学习前人的科研成果，如果不是对伽利略自由落体运动的深入研究，牛顿怎么能够发现万有引力呢？而伽利略如果没有关注亚里士多德一千多年来关于落体运动的错误结论，他怎么能够建立正确的自由落体运动的理论呢？由此可见，科学家的发明创造无不是建立在前人发明创造基础之上的。传统也并不都是正确的，很多时候传统也包含了完全错误的观点，误导了人们的视听，阻碍了社会发展的脚步。因此，在继承和发扬传统精华的同时要深入研究传统的内涵，利用现代科学技术手段将传统的适应时代发展的精华部分加以运用，不符合时代发展的精华部分可以保留，但是那些经过科学研究发现是错误的、明显阻碍人类文明发展的糟粕部分应坚决予以摒弃。

需要加以强调的一点是，正确对待传统的一个重要方面，就是要在传统的基础之上有所创新，只有创新才有发展。华人物理学家李政道曾经说过："一个人想要开创新路子，最关键的是你会不会自己提出问题，能正确地提出问题就是迈开了创新的第一步。"

小贴士

在实际的生活、学习和工作中我们要善于对传统提出不同的看法，经由这种不同来开创新的局面，获得新的发展。对于注重传统，善于在传统中发掘智慧精华的忠诚型人格的人来说，这是他们的一大优势，他们往往能够灵活运用传统中的精华，使之促进事物的不断发展，从而得到更多人的信任与支持。

6
心理防卫的一道天然屏障——不自觉的投射

忠诚型人格的人采用的心理防卫机制是投射。投射是心理学中一个重要的名词，由著名心理学家弗兰克(L. K. Frank)于1939年首先明确提出。心理学研究发现，人们在日常生活中常常不自觉地把自己的心理特点（如个性、爱好、观念、情绪和欲望等）归属到别人身上，认为别人也具有同样的特征，而这种心理现象被称为“投射效应”。通过对投射效应的研究，我们往往能够从一个人对别人的看法中来了解和推测出这个人的心理特征和真正意图。

投射既有积极的一面也有消极的一面。积极的一面表现在，通过投射我们可以推测出别人心底的一些想法和意图，由于人们具有一定的共性，在生活、学习和工作之中都会有一些相同的意愿和要求，因此，通过推测我们能够正确地预见人们的这种意愿和要求，并据此做出相应的反应，以适应社会交往。忠诚型人格的人之所以会利用投射来实现心理防卫机制，也正是基于这种投射效应的积极方面。

通过投射，忠诚型人格的人能够将别人的想法和意图提前呈现在自己的脑海中，以做到心中有数，无论这种投射正确与否，都能够使他们获得一种暂时的心理安慰，这种心理的安慰对于他们来说是无比珍贵的，而且，是他们精神支柱的一个重要部分。这种投射作用也确实能够使自己在对与自己相类似的人进行接触的时候，能够轻易地对他们做出精准的评价和合理客观的定位。

投射对于忠诚型人格的人虽然重要，但是它的消极作用却是不容忽视的。因为每个人的心理特征是不一样的，就是对待同样的一件事情，处于同样的境遇，受过同样的教育，不同的人对同一样事情表现出的心理特征和观点也是不一样的，所以，单单通过投射的作用是不能每次都能准确把握人们的心理特征的。日常生活中的很多时候，仅仅通过投射会常常错误地将自己的一些想法和观点投射到别人的身上，由此产生一些莫名其妙的情绪，或是疑神疑鬼的想法，这些不正确的想法，必然会对生活和工作造成负面的影响，这种负面的影响可小可大，可能只是别人对你的错误观点提出质疑，也可能让你失去名誉、权威、财富。

日本战国时期的名将武田信玄，与一名叫戒休的和尚是好朋友，武田经常去戒休那里听他讲解佛法。有一次武田因为工作上的事情心情很糟糕，于是他就命人将戒休请到自己家里，想听他讲讲佛法，以解心中之闷。等戒休来了以后，他发现武田的情绪不对，但他没有直接询问武田情绪低落的原因，而是像往常一样接着上次讲述的内容平静地讲解着，他希望武田能在听他说法的过程中自觉地放下心结。武田的性子比较急，但又不愿意诉苦，此时他在等待戒休在说法过程中自然地将话题引向他，因为以前他经常用这样的方式与戒休和尚交流，从而不断地顿悟一些生活中的玄机。可是今天时间过去了很久，他却没能等到戒休将话题引到他身上的时刻，武田开始有些心不在焉，但是戒休似乎并没有发现武田的心不在焉，依然喋喋不休地讲述着。最后，武田终于忍不住打断了戒休的讲解，将心中的不快一吐而尽，原来他的一名得意将领与他在军中对手的一名得意将领比武，结果是从来没有胜过的对手的得意将领赢得了绝对的胜利，这令一向骄傲的武田很没有面子，于是武田狠狠地批评了他的得意将领，却没想到他的得意将领还振振有词地为自己辩解，虽然那些辩解听起来很有道理，但是武田还是很恼火，认为他的得意将领无论如何也不该失败。

听了武田的讲述，戒休终于明白了他心中的结到底是什么，但是并没有马上去开导他，而是语重心长地说：“我以为我的讲解能够让你自己顿悟，但是你并没有做到，看来你还需要很长的时间才能够到达自我顿悟的程度啊。”武田无奈地笑了，戒休看着武田吐出心中不快后稍稍放松心情说道：“‘佛心自现’是我去年就讲过的，你可能已经忘记了吧。”武田静心想着，他太繁忙了，哪里能够记得那么清楚呢，于是他不是很肯定地回答道：“应该是有这么一回事吧。”戒休何等聪明，他完全理解武田的心理状态，于是温和地说道：“你看别人是什么，就表示你看自己是什么，这便是‘佛心自现’的本质。反之亦然，你看到自己是什么样的，常常也会认为别人也应该是什么样的。你是一名优秀的将领，从来不允许自己有失败的时候，但是你却将自己的这种优秀和不允许失败的心思，强加在了你的得意将领头上，认为他们也应该是最优秀的将领，是不允许自己失败的将领，结果你发现自己错了，于是你就感到愤怒和恼火。”作为久经沙场的著名将领，武田也是很聪明的人，于是他接过戒休的话茬儿：“师傅说得不错，错在我的心里先有了灰尘。”事情至此，武田完全放下了心中的结。

通过以上的故事我们可以看到，投射有时候是正确的，但是很多时候它不可避免地存在着明显的错误。如果不能认识到投射过程中产生的错误，更不能明白这种错误带来的影响，那么损失将是非常惨重的。设想在上面的例子中，如果武田没有解开心中的结，而是按照自己原来的认识将他的爱将惩罚一番，甚至是认为他无能而贬低他的职位，那么武田将会失去很多东西，一方面是失去手下人对他的信任，甚至会对他的权威产生质疑，这无疑是一件对自己不利的事。另一方面是失去一名优秀的将领，常言说“千军易得，一将难求”，失去一名重要的将领，等于失去了千万名士兵，这一点对于一支军队来说同样非常重要，所以说“投射”绝不能随意运用。

然而，由于人格特质是在人的长期生活中形成的，一旦形成将很难产生改变，所以在人际交往中不要企图去改变忠诚型人格特质中这种采用投射手段来进行心理防卫的人格特质，刻意地改变只能打乱他们原有的人格秩序，毫无有利结果可言。另一方面投射并不是只有忠诚型人格的人才会使用，任何人都会不自觉地在生活和工作中加以运用，这就要求我们在看待身边的人和事情的时候，一定要意识到这种投射可能是错误的，是需要进一步探究的，绝不能够将自己的观点和看法固定在自己投射出来的影像上，只有这样我们的人际关系才能稳固，才能保持一种良好的心理状态。

7

做一名跟随者是忠诚型怀疑论者的一贯作风

忠诚型人格的人很容易受到那些具有吸引力且愿意带头的人的影响，他们认为做一名跟随者，往往要比自己一马当先安全可靠得多。跟着这样的人，与他们保持一致是非常重要的，这样忠诚型人格的人就能被不断地说服，就能在心理上保持一种安全的信服感。

琳达和丈夫路易斯去逛商场，在商场的服装区琳达相中了一件非常漂亮的大衣，但是她不愿意说出来，只是不停地在衣服上抚摸着，服务小姐看到琳达的表现，知道琳达很喜欢这件衣服，于是她就上前极力劝说琳达试穿。这时候路易斯正在对面与一位看起来很健谈的小伙子谈论着什么，他并没有发现琳达的举止。

为琳达服务的小姐虽然不断地劝说琳达来试穿这件她很喜欢的衣服，但是琳达一直在犹豫，服务小姐感到很奇怪，于是她问琳达："太太，您觉得我的服务有什么问题呢？还是我们的服装有什么问题？"听到小姐的问话，琳达有些不好意思地说："都不是，只是我的先生在那边说话，我不便打扰他。""你在这里试穿衣服，他在那里交谈，互相又不会打扰到对方不是很好吗？"服务小姐疑惑地说道。"呵呵，对不起，我还是先看看之后再说吧。"琳达说着便离开了这家服装销售处。最终她也没有返回来买这件她喜欢的衣服，那个郁闷又纳闷的销售小姐大概也没有弄清楚琳达试衣服和她的丈夫有什么关系，即使有关系琳达又为什么不能将谈话中的丈夫叫到自己的身边呢，难道一定要等他自己来到她的身边吗?

其实，这就是忠诚型人格特质的人在生活中表现出的跟随者的人格特质。根据这种特质，我们就不难理解琳达的真正目的了。琳达很喜欢那件衣服一点儿也没有错，但是她希望自己的喜欢不是自己主动表达出来，而是通过丈夫路易斯表达出来，这样的话她就会觉得是路易斯也觉得这件衣服很好看，她之所以买这件衣服是因为得到了路易斯的认同，而她只不过是这种认同的跟随者。这样一来，她就可以买得理直气壮，丝毫不会因为自己又买了一件多余的衣服，而感到一丝的惭愧和内疚。这就是琳达的本意，可惜那个服装销售员并没有弄明白，如果她能够明白的话，估计她早就毫不犹豫地打断路易斯先生的谈话，将他招呼到自己的店里了，这样她就会创造出一份收益。这一点也说明了在生活和人际交往当中研究人们的人格特质，明白不同的人格特质的特殊表达方式和他们的独特的内心世界是一件多么重要的事情。如果不了解别人的人格特质，就将失去人际交往中的很多有利的机会，从而损失经济上的利益和机会。这也是我们研究人格特质，通过人格特质来看透别人内心世界一些真实想法的有力证据。

心理学家米歇尔研究发现，这种忠诚型人格特质的人之所以会有这种跟随心理，觉得跟随在那些愿意带头的人后面具有很大的安全感，依然是源于他们害怕的心理特征，因为跟随意味着承担更少的责任，即他们不用为责任付出心理的不安。这种心理上的轻松是这种人格特质的人所期望的，这种内心的期望反映到行动上就是一种跟随工作和生活状态。

做一名跟随者固然有很多的好处，可以不用承担太多的责任，可以拥有一份轻松的身心状态，可以更加清楚地看到带头人的缺点和劣势，并以此为戒来修正自己的观点和行动。但是，我们也应该看到跟随所带来的负面效应。跟随的过程更多的是一种服从的过程，服从必然就涉及自主权减弱的问题，而对于忠诚型怀疑论者人格的人来说，跟随也会产生很多心理上的压力，往往不能畅所欲言地抒发自己的真实想法。如上文中，作为一名跟随者的琳达本来非常喜欢自己看中的衣服，可是她不想自己讲出来，偏要让丈夫路易斯看出她的内心想法后通过路易斯的口说出来，而遗憾的是路易斯并没有发现琳达的表现，于是她只能把这件事压在心里，利用时间慢慢地去忘记这件事情，又或者她真的非常喜欢这件衣服，可是又不想自己说出口去购买，那她就需要花费更长的时间去淡忘这次逛街经历。这就是跟随的负面影响。

忠诚型人格的人虽然承受压力的能力比较强大，但是我们也不能忽视这种压力的存在，毕竟不是所有的人都能够承受这样的心理压力，所以在人际交往当中要看到跟随的劣势，根据自己的实际承受能力来选择是否跟随。而忠诚型人格的人为什么能够承受这种压力呢？很明显，这种跟随所产生的压力与他们作为带头者所产生的不安全感的压力相比，他们更愿意承担这种跟随所产生的压力，而不是选择不安全产生的心理压力。

因此，在人际交往中，与忠诚型怀疑论者在一起时，应该认识到他们表现出的这种跟随的人格特质，在事情采取行动以前就给予他们大量清晰的指引，并给他们明确指出其中所包含的不良因素，支持他们自己做出选择，不必产生无谓的忧虑。当他们对事情产生疑虑，表现出焦虑时，要保持友善的态度帮助他们找到问题所在，消除他们心中的疑虑，鼓励这种人格的人保持忠诚和兑现他们的承诺。

小贴士

每一种人格都有优有劣，忠诚型怀疑论的人格也不能免俗，问题的关键不是优和劣本身，而是怎样发扬每一种人格的优势和避免他们的劣势，在人际交往中能够根据每一种人格的特质，做到扬优避劣就是成功的人际交往，也是人们一直追寻的终极目标。

第八章

识别活跃型自由享乐主义者的性格类型——追求现在，未来会过去的

活跃型人格最大的特点就是追求快乐，他们一切的行动、达成的目标都是以快乐为前提的。他们非常友善，很少与人为敌，并且还富有同情心，非常热心，富有人情味，很关心朋友。他们的性格属于外向型的，有的活跃型会有自我主义的倾向。在个人才智发展方面，他们的耐性很差，但思维却很活跃，并且非常善于表达，是天生的演讲家。然而，活跃型自由享乐主义者如果不克制自己的情绪，那么他们的人生就会向消极方面发展，所以应该把握好度。在生活中，活跃型的人只要能够找到生活的目标，在事业梦想中找到永恒、持久的快乐，那么他们的人生就会更加精彩。

1
快乐是自由享乐主义者的名片

天有不测风云，人有旦夕祸福，人生路上总会遇到很多不平坦之事。人们与其悲伤、绝望地面对这些事，不如尝试换一种姿态，积极地面对人生。用快乐扫除所有的不美好之事，享受生命给予人们的每一种滋味，用笑容面对每一天。

每个人都渴望拥有成功、幸福的人生，但是人们在追求幸福的途中难免会遇到令人沮丧的事情的时候。例如，人们会遇到事业的“滑铁卢”、家庭的巨变、朋友的背叛等足以使人们丧失斗志的情况。另外，在日常生活中，人们也会因一些小的变动而变得心情抑郁，如从天气变坏、路上拥堵，到朋友的嫉妒、亲人的批评、同事的嘲笑等，这些事情所带来的坏心情，会直接影响到人们的处世态度、工作进度及人际关系。但是当你带着笑容面对这一切时，所有的境况就会出现逆转。德国著名哲学家、心理学家布伦塔诺研究发现：人在快乐时，身体各种器官都会达到最佳运行状态。在布伦塔诺看来，如果一个人能够以快乐的心情对待生活，那不仅会有利于人们的身心健康，而且会为工作和人际带来积极的影响，因为快乐会传染给每个人。其实，在生活中人们就可以感受到，如果一个人情绪低落，那么坏事就会趁机而来。而如果以积极的心态面对，那么就会好事连连。

快乐是活跃型的人的名片，无论在什么时候，活跃型的人都是快乐的。尽管面对生活中的各种不如意，他们也能以微笑面对。

艾琳娜因为患有先天性心脏病，到她30岁时，身体已经越来越虚弱，最终艾琳娜住进了医院。经过医生检查，艾琳娜能够生存下去的可能性很小，亲朋好友都为她感到忧伤。面对这样的情况，艾琳娜不但没有绝望、伤心，反而还来安慰她的亲人。这样的情况持续了几个月，艾琳娜再也受不了这种沉闷的环境，她不想在这里静静地等待生命的结束。其实，艾琳娜从小有一个愿望，那就是要环游世界，于是她想趁此机会，出去放松一下自己。可是医生们听到她的想法后却大吃一惊，并且告诉她如果她执意去旅行，那么很可能她就要葬身大海了。艾琳娜乐观地说："没关系，我会随身带着我自己的棺材，不会葬身在大海的。"

之后，艾琳娜真的去买了一口棺材，带上一些随身药品便坐轮船去旅行了。在旅途中，艾琳娜就像只快乐的小鸟一样享受着阳光，并欣赏着沿途的风景。一开始，她的心脏还会因为剧烈的运动而发生抽搐的现象。但是到了后来，艾琳娜发现，她的心脏能够承受的压力越来越强，以至于她还可以同船上的人一起唱歌、跳舞。船上经常充满艾琳娜爽朗的笑声。又几个月过去了，艾琳娜的心脏发病率竟然奇迹般地降低了。

当艾琳娜健康地出现在人们面前时，大家都大惊失色。不过只有艾琳娜自己最清楚是什么挽救了自己，是快乐，快乐让她拥有了好的心情，好的心情又给她带来了积极的行动。可见，心情舒畅地享受大自然是治疗疾病的最佳药物。

著名诗人泰戈尔曾经说过："当生活像一首歌那样轻快流畅时，笑颜常开乃易事；而在一切事都不妙时仍能微笑的人，才活得有价值。"人生总是伴随着烦恼与苦痛，与其执著于其中无法自拔，不如用微笑来面对。微笑是治疗人生伤口的一剂良药，当苦难向人们袭来时，悲伤只会让人更加脆弱无力，要学会直面风雨，用笑容击败生命之痛。

与艾琳娜不同，生活中有很多不懂快乐的人，他们总会无端地为自己施加各种压力，并认为自己是这个世界上最倒霉的人。殊不知，自寻烦恼就是人们生活痛苦、事业失败的最大敌手。其实塞翁失马，焉知非福？即使真的发生了什么不测，那也未必是一件坏事。人们要学会享受生命中的一切事情。人生就是一次单程的旅行，走过了就不会再回头，不管路过的是美丽的风景还是干枯的荒漠，无论是快乐或是艰辛，人们都不可能重复拥有，何不真心地感受一番呢？与其望洋兴叹，不如勇敢积极地跨过，迎接新的一天。

在活跃型的人看来，即使他们在街上遇到大雨，也仍会心情舒畅，他们会想：雨水中含有大量空气负离子，可以调节神经功能，加速血液循环，促进新陈代谢，还有防病健身的效果，而且在雨天还可以享受到晴天没有的乐趣。在很多人眼中是苦差事的烹饪，在活跃型的人眼中，它则变成了最快乐的事，曾经有个活跃型的人表达自己的感受，她说：“厨房之内应有尽有，我把厨房看成是漂亮的‘音乐场’，切菜、掌勺之声犹如一曲动人的‘交响乐’。我在烧菜的过程中放声歌唱，这不但能使人放松，还可锻炼心肺功能。我把烹饪当做一件乐事来做，既拥有了好心情，又提高了肺活量，真是一举两得。”这就是活跃型人格的快乐原则。

小贴士

著名教育创业者俞敏洪说过：“生活中其实没有绝境。绝境在于你自己的心没有打开。你把自己的心封闭起来，使它陷于一片黑暗，你的生活怎么可能有光明！封闭的心，如同没有窗户的房间，你会处在永恒的黑暗中。但实际上四周只是一层纸，一捅就破，外面则是一片光辉灿烂的天空。”所以，无论是什么性格的人，都应该试着把封闭的心打开，让阳光照射进来，学会快乐的生活，笑对每一天。

2

勇于尝新是自由享乐主义者成功的关键

活跃型人的性格中有一种特征，就是尽可能不让自己受到任何限制，并通过参与有趣的活动来逃避自己不想要的感觉。他们不轻易错过任何新奇好玩的经历，而且同一时间进行两件以上的活动是常有的事。他们参与的事务是否有实质意义并不重要，重要的是有没有乐趣，能不能带来愉快的经历。不过也正是由于活跃者这种追求愉悦的动力，使他们不断地尝试新的事物，其中学识渊博、积极追求梦想的人通常都能取得令人惊奇的成就。

九型人格研究学院发现，活跃型人格确实有助于创新思想的形成。首先，活跃型人格的人追求新事物以达到愉悦自己的目的。而在他们寻求新事物的过程中，却无形中培养了他们的探索精神。通常，他们总是不停地更换工作。他今天对摄影感兴趣，可能就去做了一个摄影家；明天他又突然觉得网球不错，于是改行去做了运动员；可是做了一段时间，他又觉得无趣了，紧接着他感觉生物世界很神奇，所以他又有可能投身于科学研究中。由此人们可以发现，在他们更换职业的过程中，虽然可能在专业领域只是学到了皮毛，但是他们最大的收获却是，各行各业都有涉猎，使他们能够将知识融会贯通，这对于创新是非常重要的。其次，他们非常讨厌死板，没有变化，每天都重复同样的工作，所以这就决定了他们思维的活跃性。最后，活跃者总是从快乐出发，而快乐又与舒服、享乐、简单、美妙、与众不同等各种词语有关，现实生活中的人们所追求的也恰恰是这些快乐的东西，所以活跃者无论是本身还是他们所创造的东西都会带给大家全新的感受。于是，很多活跃者更喜欢在有发展潜力、随性自由的地方工作，而那些死气沉沉、墨守成规的地方则被他们摒弃。其实，活跃型人的这种跳跃、创新的思维在当代是很受推崇的。

美沙毕业于文学专业，但却在日本名古屋的一家科技公司工作，这源自于她当时的一个想法，那就是将艺术与科学结合起来。她这个想法产生于一次无意间看到一种电脑病毒的名字能从屏幕上方掉到屏幕下方，她觉得这个很有趣，很好玩，于是就选择了这份工作。虽然美沙不懂得电脑软件，但是她可以通过自己的文字和语言，把公司的软件重新进行客户化包装，让客户对公司产品更加感兴趣，并且她还用自己之前所学的音乐及美术知识，美化公司的产品，这样在客户用公司的产品时能感受到快乐，从而也加强了公司产品的竞争力。

不仅在公司的产品上，就是在公司的招聘中，美沙也运用了自己的新点子。她在招聘时，首先会播放一段音乐剧的主题音乐，然后问那些应聘的人喜不喜欢及有什么感觉。结果最先被淘汰的就是那些说不喜欢、没感觉、无所谓的人。其实从心理学角度分析，只有那些懂得欣赏美和快乐的人，才会为一个企业带来活力。比尔·盖茨有一句简单的名言："微软离破产只有18个月。"这句看起来简单的名言却道出了重要的道理，那就是如果企业停止创新进步，也许一年后就不复存在了。也正如李嘉诚所说，创新可以让一个"新品"在一夜之间战胜一个畅销几十年的"名品"。

活跃型的人或许没有什么专长的领域，但是他们敢于冒险，勇于尝新，能为他们自己和他们所在的企业，甚至是整个社会带来活力和希望。美国著名心智发展专家约翰·钱斐说道："创新能力是一种强大的生命力，它能给你的生活注入活力，赋予你生活的意义。创新能力是你命运转变的唯一希望。"从钱斐的话中可以看出，一个人如果没有创新改变，那么他过几十年与过一年没什么区别；一个企业如果没有新的政策，一直墨守成规会有怎样的后果呢？可想而知，在如今竞争如此激烈，企业都在力争求新、求变的情况下，那些固执己见、不知变通的人必将会被社会发展的浪潮冲垮或者被历史所淘汰。

在20世纪，福特汽车公司以大规模生产黑色轿车而独领风骚数十载，但随着时代变迁，消费者的消费需求也发生着变化，人们希望有更多的品种、更新的款式、更节能省耗的轿车。而福特汽车公司的产品，不仅颜色单调，而且耗油量大、废气排放量多，完全不符合日益紧张的石油供应市场和日趋严重的环境保护状况。此时，通用公司和其他几家公司则紧扣市场脉搏，制订出正确的战略计划，生产节能省耗、小型轻便的汽车，在70年代的石油危机中后来居上，使福特汽车公司几度面临破产。

从福特汽车公司从兴到衰的发展过程中，可以明显地感觉到变通对一个企业的发展是何其重要。虽然在汽车行业兴起之时，福特的产品受到过大众的欢迎，但是随着经济发展，人们对汽车的需求也会发生变化，而这时福特公司却没有改变其老旧的发展模式和产品样式。另外，除了市场需求会发生变化之外，整个汽车行业中也会出现竞争对手，其他的公司不停地创新、发展，就表示着“无为而治”的福特在落后、衰亡。所以福特公司前总裁亨利·福特深有体会地说：“不创新，就灭亡。”

除了企业发展需要创新之外，一个人的发展、成功也是需要创新精神的。一个人如果始终固执己见、不知变通，不敢尝试新方法的话，那么他就要落后于他人。活跃型人物的尝新还表现在他的逆反好奇心理。**丢弃旧思想，走上新道路并不可耻，人们要随着社会的变化改变自己的思想和思维模式。人们要敢于向权威、老旧的规律挑战。**

普朗克和儿子在自家花园里散步，他神情有些沮丧，带着遗憾对儿子说：“孩子，十分遗憾，我今天有个发现，这个发现和牛顿的发现同样重要。”这个发现就是物理学界著名的量子力学假设及普朗克公式。可惜的是，普朗克一直崇拜并虔诚地信奉权威的牛顿完美理论，所以他最终宣布取消自己的假设。普朗克因为受限于权威的阻碍而放弃原本正确的理论，25岁的爱因斯坦却敢于冲破权威的限制。他大胆突进，赞赏普朗克假设并向纵深引申，提出了光量子理论，从而奠定了量子力学的基础。随后，爱因斯坦又锐意打破了牛顿的绝对时间和空间的理论，创立了震惊世界的相对论。由此可见，真正的成功是需要创新和变通才能达到的。

小贴士

自然界的一切及权威的理论虽然都有它自己存在的合理性，但是随着时代的变换、社会的发展、技术的进步，很多事物都不是一成不变的。正是爱因斯坦这种打破权威的做法让他能够为科学做出更大的贡献。

3

生活，从管理情绪开始：别冲动，我来帮你想办法

在日常生活中，面对不同的环境和对手，使用什么手段已经不那么重要，重要的是要用什么样的心态面对。情绪的波动经常会搞砸很多事情，如因为暴怒伤害了朋友，因为一时的冲动做了令自己后悔的事，因为一瞬间的皱眉而将自己的弱点暴露给对手等等，这些情况都说明了一个人太容易情绪波动，会对自己的工作及人际交往带来消极的影响。**人们常说“冲动是魔鬼，只有笑到最后的人才是赢家”，所以不论发生什么重大的事，能够有效地控制和调整好情绪，才是一个人最终能够成功以及获得真正快乐的关键。**

在现实生活中，每个人都有属于自己的情感，并且能够适度地控制自己的情感。但是很多心情的变化、脸部的表情还是会泄露人的情感，这种情感的外在表现就是情绪。情绪在人产生的那一刻起，就存在了。人作为理智的情感动物，会对所遇到的情况、人物、环境产生各种不同的情感。也就是说，情绪是个体对外界刺激的主观的、有意识的体验和感受，具有心理和生理反应的特征。对于内在的这些特征人们无法观测，但是人们能够通过其外在的行为或生理变化来进行推断。通常人们会看到一些人暴躁、兴奋、伤感或是变化无常，具体来说外在的表现包括喜、怒、忧、思、悲、恐、惊七种。行为在身体动作上表现得越强就说明其情绪变动越强，如喜会手舞足蹈、怒会咬牙切齿、忧会茶饭不思、悲会痛心疾首等。然而，控制情绪并不是不

让情绪发生，事实上只要人的生命还存在，那么情绪就不可能被完全消灭，但是却可以进行有效疏导、有效管理、适度控制。情绪无好坏之分，一般只划分为积极情绪和消极情绪。但是由情绪引发的行为则有好坏之分，由行为引发的结果也有好坏之分，所以这是管理好情绪的必要性所在。

通常，在日常生活中，人们一旦遇到难题就会产生困惑，如果久久不能解决就有可能从困惑演化成焦急再到厌烦，随之他的脾性会变得暴躁，甚至有可能产生绝望、厌生等情绪。其实，在无形之中，这类人已经将自己暴露在了对手面前，并且损害了自己的人格与尊严。下面有一个例子就说明了情绪变化对一个人的影响。

第二次世界大战时期的一天，蒙哥马利将军来到丘吉尔那里，气呼呼地说一名少将用侮辱的话语说他偏袒一些人。对此，丘吉尔建议蒙哥马利写一封尖锐的信回敬那个人。

于是，蒙哥马利便立刻写了一封措辞激烈的信，然后拿给丘吉尔看。丘吉尔看后连连点头称赞他写得好，说如果对方看了，一定会暴跳如雷。之后蒙哥马利边走边将信装进了信封里，此时，丘吉尔叫住他，问道："你去干什么？"

"把信寄出去啊。"蒙哥马利有些摸不着头脑。

"不要胡闹！"丘吉尔大声说，"这封信不能寄出去，快把它烧掉，对于生气时所写的信，我都是这么处理的。这封信写得非常好，好在你已经解了气，现在感觉已经好多了吧。"

讲到这里，故事已经没有必要说下去了，因为它已经说明了一个道理。每个人都有气愤、情绪波动的时候，这就要求人们要学会控制，而控制的过程中人们要掌握方法，既能将事情解决，又不会伤害自己。情绪管理的首要法则就是，避免消极的情绪伤害自己，不让积极的情绪出卖自己。

九型人格研究者戴维·丹尼尔斯曾经说过："快乐的人的快乐

有时是建立在别人的痛苦之上的，但是他们却不自知。”根据丹尼尔斯所说，再从活跃型人格的特质来看，由于活跃型的人做什么事情都是以自我快乐为目的的，所以有时候他们为了自身的痛快和快乐，经常会不择手段，对别人嬉笑怒骂，甚至经常不顾别人的感受而伤害到别人。然而最令人无奈的是，他们这样的情绪波动来得快，去得也快。经常是前一刻与你怒目而视，后一刻则会真心关心你。所以活跃型的人的朋友会说：“活跃型的人直截了当地表达自己的情感是再正常不过的了，他们想哭就哭，想笑就笑，只要他们开心就可以了。”

实际上，活跃型的人内心也很复杂，他们的快乐也分很多种，有一些活跃型的人追求所有能够给他们带来快乐和刺激的事物，这些人经常不能够正视自己人生的发展，经常用逃避困难来寻求人生的快乐；还有一些成功的活跃型人物，他们也追求快乐，但是他们却能用正确的心态面对困境，追求自己的事业、理想，他们在自己实现梦想的过程中寻求永不休止的快乐。而后者因为能够以很好的心态面对各种挫折以及其他的不良情绪，所以他们经常能够控制好情绪，但是又不失他们快乐的心情。在日常生活中，他们经常是那种非常有修养、有耐性的人，并且他们能够在人际交往及工作中获得有利于自己的局面。

综上所述，无论是活跃型的人还是其他个性的人，为了开心地生活、获得良好的人际关系，都要控制好自己的心态，调整和管理好自己的情绪。下面几种方法会有利于人们走出困境，以一颗平常心对待情绪上的变化。

第一，在生活中或许人们经常感到很多事情都不如意，会为一些人物、事情烦恼，其实这时候人们不妨试着将这些问题放在一个大的环境去看，然后就会发现它们与那些大的事情相比是多么微不足道。郑板桥曾经说过：“人生难得糊涂。”人们何不放下一些小事，做到大事清醒小事糊涂呢。

第二，很多人在一段时间内会有烦闷、空虚、恐惧的心态。具体表现就是恐惧时间的迅速、人生的无常。在这种心境下，人们对自己所做的事情都表示怀疑，认为那些事情都是毫无意义、毫无希望的。因而陷入时而想干这个，时而又想干那个的无序状态中。现实和理想的差距，使人们感到绝望，导致情绪一直处在茫然失措、心神不定的状态中。其实从心理学角度分析，这是因为人们没有认清自己，没有明确的目标，也说明此类人容易受外界环境变化的影响。那么这种人要及时地认清自己，为自己订立有可能实现的目标，在实现目标中找到自信以及生活的意义。

第三，用工作充实自己，人生大多数的时间其实都是在工作中度过的。所以一定要热爱自己的工作，当人们全身心地投入到工作中时，工作就变成了一项富有挑战性和刺激性的活动，人生也因此而变得更有意义。

第四，当人们产生烦闷、消极的情绪时，要尽量丰富自己的业余生活，多与朋友、家人交流，多看看除了自身以外其他的环境中发生的事情，以此来转移自己的注意力，要随时充实自己的头脑，相信知识可以改变一切。当然，无论何时，都要有坚强的毅力，贝多芬曾经说过：“在困顿颠沛的时候坚定不移，这就是真正令人钦佩的人的不凡之处。”如果身边有这样的朋友，人们要多加理解与开导，帮助他们调整好心态。

4

学会等待：自由享乐主义者的“撒手锏”

活跃型的人多具有冲动、缺乏耐性的性格特征。他们通常耐不住寂寞，想到什么就立刻去做，头脑里经常闪现出新的点子，但是他们做事的热情却消散得很快，所以经常虎头蛇尾，半途而废。但是每一件事情一般都是由易到难，幸福和苦难充斥其中，要获得成功必然要经历各种磨炼。任何事情的成功都不是一蹴而就的，所以学会等待就变得尤为重要。

等待这两个字虽然很好理解，但是做起来却非常困难。人们都希望在餐厅吃饭时，自己点的餐能快点好；当人们经过繁华的街道，要过马路时，红灯却偏偏亮了，这时候只好烦躁地等待；当人们去购物或买票，看到前面排起了长长的队时，又不得不安静地等待。但是对于这些等待，不同的人会有不同的态度，有些人在等待中，气急败坏、骂声连连，甚至有些人不屑于等待，而违反道德，例如出现咒骂侍者、插队、闯红灯等情况，但是有些人却能对这些事情淡然处之。

等待中的人会有一种莫名的烦恼，这种烦恼中含有对他人的怨恨，对生活的急躁。很多时候，人们不是没有时间等待，不是不能继续等待，只是因为等待会给人们带来焦虑。例如，活跃型的人在等待时会显得坐立不安，如果有朋友在身边，他会不停地抱怨，如果没有朋友的情况下，他会通过打电话给朋友来缓解自己这种对等待的不耐烦情绪。当然在大的事情上，也同样能够显示出他们的不耐烦。如他们无法忍耐工作中的重复、烦闷，在工作刚开始时，他们就期盼着工作结束。其实，这样的做法必然会导致两种结果，一是自己会更加烦恼，二是一事无成。其实活跃型的人通常会在工作与实现梦想的路上真正做到坚持并快乐着的境界。

其实人从来到这个世界开始就是在等待死亡的降临，如果问谁愿意结束这个等待，或许没有人会愿意。

一个年轻人与女朋友约会，因为来得太早，而他又不喜欢等待，所以长吁短叹。突然，一个天使出现在他的面前，并送给他一样东西。天使说，只要按一下按钮，他就可以逃过所有的等待时间。年轻人立刻按了一下按钮，出现在他面前的是隆重的婚礼现场，他和女朋友走上了红地毯。年轻人又想，如果我们现在有了孩子那该多好啊！他的想法又实现了，他心中的所有愿望都不断地实现。一时之间，妻子、孩子、房子、事业都有了，可是看看自己，他已经是风烛残年了。他这才发现，原来一直追求快点实现自己的愿望，结果很多东西都还没来得及享受就已经过去。他终于明白，在生命中，即使等待，也有很大的意义。

从故事中可以发现，其实生命是由无数个等待组成的，人们如果能够享受等待，那么等待就不会变得那么无聊。然而，要学会等待，就必须要做到有耐心，不能急功近利。有些人为了迅速完成一件事情、提高效率而草草了事，结果得不偿失，经常使一件本需一次完成的事情重复多次。所以做事千万不能急于求成，应该稳步前进，充实自己，提高能力，这样做的结果才是人们想要的成功。

在现实生活中人们一定要明确自己的目标，然后为了这个目标不停地奋斗和等待成功的到来。但是生活中有太多的不确定和诱惑，使人们失去了耐心。而耐心是靠很强的忍耐力和毅力来实现的。美国著名将军布莱德雷成功的故事就说明了这个道理。

美国五星上将布莱德雷，从小就立志要做个将军，为此他拼尽全力考进了西点军校。但是出人意料的是，他毕业后却没有像其他人那样，扎根于军营中，而是留在了学校，将大多数时间用在了执教上，在他20多年的军人生涯中，当教官的时间就占去了13年。表面上看，布莱德雷似乎一直盘旋在军营之外，失去了许多晋升和实战锻炼的机会，而且在西点军校执教似乎与他的理想不符。如果说他想在这里等待机会，但是那种渺茫的希望，又让很多人感到不解。那么事实到底是怎样的呢？实际上，他在西点军校学到了更多的东西。

1920年，布莱德雷进入西点军校任数学系教官，当时的校长是著名的将领麦克阿瑟。在西点的四年时间里，通过教学布莱德雷的数学水平大幅度提高。更重要的是，数学培养了他的理性思维，提高了他的推理能力。这为他能用理性的思维处理各种问题提供了必要的前提，也因此成为了美国将军中心思最缜密、做事最有条理的人之一。在等待中，他具备了其他人没有的能力，并且在兼任体育教练的时候，他还在不经意间锻炼了组织和指挥能力。

然而，在一切看似平淡、无望的时刻，布莱德雷将军却迎来了他生命中的转折点。1929年，他来到本宁堡步校，在这里他遇见了一生中最重要的人——当时的副校长马歇尔。布莱德雷很快得到了这位美国历史上最伟大的军事领袖的赏识，成为马歇尔的“四大金刚”之一。当1939年7月，马歇尔出任美国陆军参谋长时，马歇尔很快就指名让布莱德雷负责马歇尔办公室的工作。此后，布莱德雷的仕途开始一路飙升，在短短几年内，就从师长升为军长、集团军司令、集团军群司令，并于战后出任陆军参谋长和参谋长联席会议主席，远比巴顿和麦克阿瑟要春风得意。

可是没有人会想到，这些成就是布莱德雷用13年的等待换来的。布莱德雷在自己的军人生涯中，从来没有放弃过目标，始终将自己的愿望记在心间，并完成得漂漂亮亮，有声有色。正如奥地利著名心理学家阿德勒所分析的那样：人的一切懒惰行为都是因为缺乏耐心而不愿投入时间精力去做任何事情。所以很多人之所以不能等待完成某件事，是因为没有足够的耐心。

小贴士

富兰克林曾说过：“有耐心的人，无往而不利。”耐心需要特别的勇气，需要对理想和目标全身心的投入，需要不屈不挠、坚持到底的精神。当人们能够对事情全身心的投入时，就不会意识到自己是在等待成功，而会乐于其中，享受完成的过程。通常，学会等待的人会得到领导的提拔及其他人的支持，同时也会赢来良好的人际关系。所以每个人都应该学会等待，等待将使我们身体的每一个细胞都活跃起来，最后将事情做到尽善尽美。

5 享乐其实也是一种追求

在现实生活中，人们对于追求享乐有着各种不同的看法。有人认为，享乐是对生命的一种亵渎，一旦为了享乐而活，就意味着生命走向了堕落与虚无；还有些人认为，人生在世不容易，只要活着开心就好，人活着就是为了能够享受生命带来的快乐。活跃型的人所持的观点显然就是后者，他们每天的生活都离不开快乐。心理学家阿德勒分析这是由于活跃型的人心中害怕孤寂以及对生活乐观的心理反应。

其实关于享乐在很早之前就有人提出，人们通常将这种追求享乐的观念称为享乐主义。享乐主义又叫伊壁鸠鲁主义，是一个哲学思想，认为享乐是人类最重要的追求。它在历史上是受到人们诋毁最多的一种哲学。今天也有很多观点认为，如果人们都以享乐为人生目的，就会自私自利，甚至不惜把自己的快乐建立在别人的痛苦之上，这样整个社会就会成为一盘散沙，没有凝聚力。古往今来，任何的贪图享乐、骄奢淫逸带来的必然是朝代的灭亡、社会的腐败。生于忧患，死于安乐不是没有道理，如果一个人没有了艰苦奋斗的精神，只是一味地追求感官享受，是绝不会造就健康人生的。但是亚里士多德对此却有不同的看法，他认为人们生活中具有快乐和痛苦，人应就此采取相应的行为，即追求那些能够给予人们快乐的事物，而避开那些引起伤痛的事物。这种观点与伊壁鸠鲁的观点不谋而合，伊壁鸠鲁反对与个人主义、拜金主义挂钩的享乐主义。伊壁鸠鲁伦理学说认为快乐是生活的目的，是天生的最高的善。但是，在生活中，人们应当区分不同的快乐。解除对神灵和死亡的恐惧，节制欲望，远离政事，谨慎地计量和取舍快乐与痛苦的事物，达到身体健康和心灵的平静，这才是生活的目的。

另外，伊壁鸠鲁还强调，当考量一个行动是否有趣时，我们必须要考虑它所带来的副作用。在追求短暂快乐的同时，也必须要考虑是否可能获得更大、更持久、更强烈的快乐。例如，当人们整日放纵于声色犬马之中，享受各种现代化带来的刺激感时，是否想过这种短暂的快乐是否使人们真正地感受到了快乐？而这种短暂的快乐要让人们付出怎样的代价呢？心理学家阿德勒分析这种贪图短暂快乐的人的心里并没有获得真正的快乐，它只会让我们变得更加空虚、寂寞，甚至会使他们的人生更加颓败，从此坠入痛苦的轮回。

那么人生到底该不该追求享乐呢？其实享乐就是追求快乐，而追求快乐是人生的基本目标。每个人都渴望自己的人生是快乐的，所以追求快乐是每个人拥有的权利。很多人认为追求享乐就是人生堕落的开始，其实是因为他们误解了快乐的意义。快乐其实与一些外在的事物无关，它并不是针对事物的反应，而是一种心理状态。人们享受快乐其实寻找的就是一种幸福的感觉。幸福和快乐，其实很多时候都在我们的身边，每个人都有属于自己的那份快乐，只是并非所有的人都能意识得到。

例如，穷困潦倒的乞丐在沿街乞讨的过程中，是在追寻着一种填饱肚子的快乐，一种“无知”的快乐，或许他自己根本没有想过这也能称得上快乐，却已经在每次享受食物的过程中不经意地拥有了快乐。腰缠万贯的富翁在追寻着快乐，一种财富积累的快乐，一种“习惯”的快乐，或许他一直刻意地享受着这样的快乐，但他未必能像乞丐那样拥有真实的快乐。

曾经一个迟暮之年的百万富翁，在冬日的暖阳中散步，碰到一个流浪汉在墙根处晒太阳，他问流浪汉：“你为什么不去工作？”

流浪汉答：“为什么要工作？”

“你可以挣钱呀。”

“挣钱做什么？”

“挣钱可以住大房子，可以享受美味佳肴，还可以和一家人享受天伦之乐。”

“然后呢？”

“当你老了，可以衣食无忧，像我一样，每天散散步，晒晒太阳。”

“难道现在我没有在晒太阳吗？”

由此可见，不同的人群有不同的幸福与快乐，每个人的追求并不相同。有的人因为做到了清心寡欲而感到幸福、快乐；有的人因实现了激情的梦想而感到满足；还有很多平凡而朴素的人，在人生中追逐那种属于他们的平凡的、朴素的快乐。活跃型人格的快乐更多体现在外在的表现上，人际交往中，他们通过与朋友的交流来获得满足、快乐；工作中，他们需要找到自己感兴趣的工作，如果工作有丝毫令他们感到厌烦、不快乐，他们就会放弃。活跃型的人在追求享乐的过程中，表现得比不快乐的人更加仁慈、宽恕与有爱心，而且，他对于朋友十分坦率。如果他的朋友某一天心情不好，他总是第一个逗朋友开心的人，他会告诉朋友他的经历，告诉朋友一切都会好起来的，可以说，他总是会看到生活中美好的一面。

小贴士

在快乐的人的眼里，生活不快乐就会失去很多光彩。只有拥有一颗快乐的心，才能创造出美好的人生。在这个世界上，没有坏就没有好，没有黑暗就没有光明，没有缺陷就没有完美。人类就生活在极端、冲突与矛盾之间，人类要做出伟大的成就，创造更多的奇迹，就要看清这些相互交错的现象，真正地敞开胸怀，感受和享受快乐。

6

自由享乐主义者事业成功的加时器：执著与热爱

爱因斯坦曾说过：“在我看来，只有热爱才是最好的教师，它远远超过责任感。”爱是指一个人对某件事情和某种事物的强烈兴趣，兴趣是最好的老师说的也是这个道理。法国试验心理学家比奈也曾表示过：“当一个人做着某种让他心情愉悦的事情时，他的内心和大脑就会涌现出强大的能量，并且如痴如醉，不知疲倦。”在比奈看来，快乐是人们能够做好事情的前提，当然，人们也只有选择自己喜欢的事业，才会显现出快乐。而一旦事业与快乐相结合，人们就会像“疯子”般投入到自己的事业中。

九型人格研究院发现，活跃型的人是所有性格中最富有这种疯狂潜质的，但很遗憾的是，在大多数活跃型的人在生活中充满了不能满足和破碎的梦想。但是他们中还是有很多人，因为从某件事情中获得了快乐，而真正地将梦想、事业进行到底。

他们在梦想实现过程中，活得充实、自在、潇洒。梦想可以使人全身心投入，让生活更充实、更幸福，人生也更有价值。从心理学角度分析，人们对事业的快乐感受能够让人们忽视奋斗的艰辛及各种困苦条件。例如，中国著名的工人领袖施洋，他幼年时家道贫寒，买不起灯油。村里有一座古庙，庙里点有一盏长明灯，于是他就在那里读书。冬季寒冷，脚冻得难受。开始他不停地站起来跺脚，后来觉得浪费时间，便削了一根圆滑的木棍，放在脚底下，一边读书一边来回用脚搓木棍，搓暖了脚，他又能安心读书了。正是施洋对读书的热爱，使他不畏艰辛的生活而到古庙读书。俗话说“书中自有黄金屋”，书中也自有快乐的因子。读书使施洋获得了快乐，同时早就忘记了寒冷的痛苦。

人们在面对各种行业时，总是眼花缭乱，不知所措。有的时候选择了一个行业，却只因为遇到了困难或者其他微不足道的原因就放弃了，其原因就在于人们在工作中没有得到快乐。著名天使投资人薛蛮子曾经说过：“每个人如果能够把自己的兴趣和将来的创业联合起来，这样一天24小时，一个礼拜工作7天，所有的苦恼都当做甜蜜的事，这个时候才有可能成功。”也就是说只有一个人将自己做的事，看做是甜蜜的事，他才会在整个工作过程中投入全部精力，从而促进事业的成功。薛蛮子又强调：“投资人要选创业者，就要选那些痴迷的、狂热的、热爱自己事业的快乐疯子。所谓的疯子就是倒贴、不给钱让他玩他也玩的。”他的这段话说明了一个人如果能够做一个事业上的快乐疯子，那么就如同儿童进了游乐园，乐不思蜀，早就忘记了周围的一切。

人生难免会遇到许多苦痛，身体上的痛，可以用药物解除；心灵上的痛，却无法用药物治愈，它只能通过人们自身的恢复机制来慢慢消除。可是当一个人心灵上、肉体上都出现了病痛，那么作为普通人或许早就失去了生存下去的勇气。而在150多年前，上天居然就这样无情地夺走了贝多芬的欢乐，使他变成了不幸的人，他贫穷、残废、孤独。但是，贝多芬却给世人创造了很多的欢乐。

贝多芬的生活，从一开始就是一场苦斗。他的父亲酗酒，母亲在他17岁时就死于肺病。从那时开始他就负担起全家的生活起居。这些可悲的事实在贝多芬的心灵上留下了深深的伤痕。若干年后他曾说过：“不知道死亡的人真是一个可怜虫！我15岁时已经知道了。”可是生活的磨难并没有放过这个坚毅的人，正是他该大展宏图的青春盛年之时，痛苦开始叩门，并且一经附在他身上便永不退隐。1796—1800年，他的耳朵日夜作响，听觉大大衰退。听觉失灵，这对一个音乐家来说是多么大的打击啊！可是在肉体上的伤害出现不久，命运又加了一种痛苦——心灵上的痛苦，贝多芬遭遇了爱情的挫折。健康的身体、完美的爱情是多少人唾手可得的，但是对于贝多芬来说，这一生都不可能再次拥有。

在大家认为贝多芬将要结束生命之时，贝多芬坚毅的性格与对音乐的热爱使他不肯在磨难中屈服。他在给韦该勒医生的信中写道："我要扼住命运的咽喉。它绝不能使我完全屈服……噢，能把人生活上千百次，是件多么美好的事！""我窥见我不能加以肯定的目标，我每天都更迫近它一些。唯有在这种思想里，我方能存活。"

虽然贝多芬经历了贫困潦倒的生活，承受着失聪的痛苦以及悲惨的爱情，这些命运多舛的故事也都反映在了他一系列的作品中，但是贝多芬的心灵并不安于愁苦。即使在他苦痛时期的作品中也有许多欢悦的乐曲，反映着一种青年人的天真，或是热烈的爱情。这显然是因为贝多芬对音乐的执著与热爱，让他拥有了坚强的意志，并形成一种无可抵挡的力量把他的忧郁一扫而空。他渴望痊愈，他渴望爱情和幸福，可悲的是上天将他的这种权利夺去了。当生活中没有了欢乐的时候，贝多芬却在音乐中找到了快乐、找到了生命。

小贴士

在这个世界上如果想要获得快乐的人生，那就要选择做一个快乐的疯子，即要选择自己热爱的事业，这样才能获得最后的成功。即使是社会的热门职业，如果自己不喜欢、不快乐、没有激情，那么失败的可能性是非常大的。所以人们一定要找到兴趣所在，这样一来成功的可能性就会变大，就算最后不成功，也可以从中获得满足与快乐，何乐而不为呢。

7

活在当下是自由享乐主义者的真实写照

在现实生活中，虽然只有今天是最真实的，但也有很多人活在过去或者是明天。他们徜徉于过去的美好和懊悔昨天的故事中，或是梦幻明天的人生，但却始终不会正视现在。有人说："人生只有三天，活在昨天的人迷惑；活在明天的人等待；活在今天的人最踏实。"也就是说，一个人永远都无法预测意外和明天，而过去再也不能挽回，所以一个人要做的最重要的事就是努力地过好现在。**约翰洛克也曾说过："抛弃今天的人，不会有明天；而昨天，不过是行云流水。"**

对此，心理学家们提出了活在当下的概念。德国著名人格心理学家帕尔斯认为，健康的人生活在眼前、当下，即此时此地。健康的人注意的中心、意识和满足感全部依赖于他们在现实世界中的存在。在帕尔斯看来，此时此地的人并不是单纯地活在当下，而是以未来作为导向。那些生活在过去的人或梦幻明天的人，他们虚度了每一个充满希望的今天和即将成为过去的现在。在这个过程中，其实他们失去的不仅仅是眼前的快乐，还有明天的快乐。每一个今天都是昨天的明天，每一个今天又是明天的昨天，所以一般情况下，人所懊悔的昨天正是今天所留下来的遗憾，而浪费的今天又要成为明天所要承受的结果。所以一个人认真负责地过好现在，是对明天最好的诠释。如果不过好今天，那么所幻想的明天就永远不会到来。所以从这个意义上来讲，过好今天就是在为明天做铺垫。

其实，活在当下的真正含义来自禅，有这样一个故事。

师徒二人在一间深山的破庙里修行，小徒弟苦苦修炼了好多年，对佛法的玄机始终不能更深地参悟。有一天小徒弟问师父该如何修炼。师父说，肚子饿的时候就吃饭，累的时候就睡觉。

师父说的话看起来没有什么意义，但仔细分析，我们就会发现其中有大道理。人们在生活中，你再怎么希望时间过得慢一些，今天还是会过去，当你又希望时间过得快一点的时候，时间还是按照自己的速度慢慢赶来。所以时间的脚步从来都不是以人的意志为转移的，人们能做的只能是活在当下，在对的时间里做对的事，千万不要在该吃饭或睡觉的时候忙着工作。

事实上，活跃型性格的人在他们的生活当中，就选择了活在当下。无论是对过去事情的缅怀还是对明天事情的计划，他们都不感兴趣，他们只把握今天的快乐。他们利用好今天的每时每刻，想唱歌就唱歌，想写作就写作，想找朋友就找朋友，想创业就创业，想旅行就旅行……总之，在这方面他们就是个行动家，从来不会犹豫不决，浪费今天的时间。可能有人会认为这种行为是不理智的，其实不然，这只是一种珍惜当前，把握好现在的态度，是一种对生命的热爱。它提醒人们，该珍惜的时候就珍惜，该停驻的时候就停驻，要把握住现在的每一刻。有一个寓言故事讲的就是这个道理。

一个人被老虎追赶，他拼命奔跑，结果不小心掉下了悬崖，多亏他眼疾手快抓住了一根藤条，身体悬挂在空中。他抬头向上看，老虎在上边盯着他；他往下看，万丈深渊在等着他；他往中间看，突然发现藤条旁边一个熟透了的草莓。摆在这个人面前的有三个选择：上去、下去或悬挂在空中吃草莓。在这个关键时刻，他会做出怎样的选择呢？他选择的是吃草莓。

吃草莓的心态就是活在当下的心态。或许有人会说：人马上就要死了，还吃什么草莓呢？然而他不是还活着吗？机会在动态中出现，没准老虎走了，他还可以爬上来。所以人一定要把握好此时此刻，因为任何事情都在变化过程中，即使遇到了再大的困惑都要勇敢地面对，这样才能做好准备迎接否极泰来的那一刻。

过好现在，是人们认真对待生活，热爱人生的一种态度。可是，在现实生活中，人们总是走不出困境，放不下过去，过不好今天，只好寄希望于无穷的明天。其实，人都不可能忘记过去，也不可能不对未来充满幻想，但重要的是，人们不能沉迷于其中。从心理学角度分析，这种无法过好现在的人的心理是对自己的不自信，以及无法忍受自己在现实生活中的表现。所以人们要做的就是充分地了解并接纳自己的现状与特点，不要过多地要求什么，而要在自己已经拥有和能够把握的境遇中，活出一个真实的自己。

第九章

解读领袖型性格的心理特性——驾驭别人才能体现价值

领袖型人物首要的一大特征就是追求权力，因为领袖型人物坚信只有权利在握，才能带给自己不会被别人控制的安全感；他们还认为人活在世上的唯一意义，就是要做出一些能够影响别人或改变世界的大事情；领袖型的人物与其他人相比，他们的精力过人，不甘于平淡，小风小浪根本无法阻挡他们，他们向往的是奋力搏斗后强大的胜利感；他们在自我充实方面勤奋好学、孜孜不倦。等他们拥有了强大的实力，丰满的羽翼之后，他们要做的就是保护大家，并且带领大家共同主持正义、公道。下面就从八个方面分析领袖型人物的性格特点，以便大家能够认识并理解这种类型人的心理特征，从而对大家的工作及人际交往起到一定的指导作用。

1 拥有权力，成为领导者：领袖型人物的终极目标

领袖型人格是九型人格中的第八种类型，这种类型的人最大的特点，就是对权力有着极强的欲望，所以拥有权力成为领导者是这类人毕生的愿望。他们或许出身贫寒，或许生于权贵，但无论是什么样的家世背景，都无法阻挡这类人追求权力的欲望。他们有着宁为鸡头不为凤尾的魄力，他们的生活可以艰苦，但是他们绝对不会受别人控制，这就是这类人对权力的执著。

想拥有权力，就要成为领导者。领导者不是一个普普通通的人可以做的，也不是任何性格的人都可以胜任的。领导者仅仅拥有领导职权还不够，他还必须能够承担领导责任和实施一定的领导职能。这就是成为领导者的三个要素，即职权、责任和职能。其中，职权是履行职责、行驶职能的一种手段和条件；而履行职责、行驶职能是领导者的实质和核心。职务是领导者身份的标志，并由此产生引导、率领、指挥、协调、监督等基本职能。责任是领导者施行权力之后所要承担的后果。由此看来，权力的拥有是在行驶职能、做出成效的前提下实现的。这类人要拥有至高无上的权力，那么必定要拥有令人信服和遵从的高度权威，才能对下属产生巨大的号召力、磁石般的吸引力和潜移默化的影响力。换句话说，这种类型的人就是在实施职能的过程当中，实现了个人的生命价值，即按照自己的思想带领他人做出一番事业。

而这种领袖型、能力型的人似乎天生就是来做领导者的，因为他具备了一个优秀的领导者应该具备的特质。

一个家庭、一个企业甚至是一个国家要走向稳定和强大，必然需要一个拥有非凡头脑的领导者。而这个领导者首先就要拥有强大的野心，这是一个领袖应该具备的最基本的条件。一个人若没有野心，就算有优秀的才智、突出的本领，也无法成为一个领袖，只能成为某个领域的专家。可以说，野心是一个企业向前进的必要条件，没有野心的存在，企业就会停滞不前，面临倒闭。野心是人类进行战斗时最强有力的武器。而野心对于领袖型类型的人来说，益处是毋庸置疑的，正是野心才让他们不停地追逐权力。

其次，领导者还必须有自律性。自律性是一个企业能够良好、长久地走下去的根本保证。一个企业若没有规则、没有秩序，那么再强大的企业都会在短期内走向衰亡。而一个不讲求任何纪律的人是无法成为一个优秀的领导者的。这就涉及下一个特质，即一个领袖要使他人敬仰、尊崇自己。这在一个领导者的特质当中是最重要的，也是最难做到的。

那么，第八种类型的人是否有能力影响自己所领导的人呢？据性格分析专家分析，由于这种类型的人天生具有魄力和控制欲，这使他们的性格呈现出不拘小节、自视甚高等特点，并且平时说话喜欢大呼小叫，一般情况下不会婉转，而是直接批评下属。所以这种类型的人在赢得人心这方面的能力是比较弱的，并且是缓慢不见成效的。但是他们又拥有许多如讲义气、乐于助人、为人直爽等优秀的品质，这又使他们能够在一定的时间内获得人们的敬仰和支持。

著名的军事家及政治家亚历山大大帝就是这种类型的人，他这种性格的形成与他的成长环境是分不开的。亚历山大出生于古马其顿国，他从小受到了良好的教育。他的父亲腓力二世也是一个优秀的军事家，他的思想深受当时希腊文化的影响，他将自己的战略思想及军事技能都教给了儿子，并且还请了当时著名的希腊哲学家亚里士多德作为亚历山大的老师。因此，亚历山大从那时开始就拥有开阔的思想和非凡的意志。而发生在亚历山大身上的一件事情却彰显了他这种领袖、控制欲强的性格。公元前344年，一名色萨利的卖马人带来了一匹价值高达13塔伦特的骏马，腓力最优秀的驯马人试图驯服它，但失败了。小亚历山大向他的父亲腓力二世声称，如果自己能够驯服这匹马，那么他的父亲就要将其作为礼物送给他。腓力二世对他嗤之以鼻，认为他无视对年长者的礼仪，但最终还是认同了这个赌局。亚历山大首先将马头牵往背向阳光的一边，然后轻轻地抚摸，培养信任感，然后突然上马，骑着马奔向远方。原来亚历山大在那时用他那敏锐的洞察力发现这匹马害怕看见自己的影子，最后他给那马起名为布塞法洛斯。当亚历山大骑着马回来的时候，腓力兴奋得热泪盈眶："我的儿子，找一个适合你的王国吧，马其顿太小了。"

从上述故事中可见，是亚历山大这种冒险、控制欲以及强大的野心才能让他最后扩大疆土，成为横跨亚非欧的一个帝国之王。

小贴士

领袖型人格的人在拥有权力之后，必定能做出非常强大的事业。但是当他们没有权力的时候，他们在社交还有工作等方面则四处碰壁，由于霸道、固执的性格容易使他们的人生走向低谷。因此在这种情况下，这种类型的人要适当地调整性格，暂时按捺住自己的控制欲，从而使自己在追逐权力的道路上能够更加顺畅一些。

2
高瞻远瞩：领袖型人物的心理策略

所谓高瞻远瞩，就是要杜绝目光短浅，只看眼前利益的情况。利益当前，很多人容易迷惑了双眼，迷失了方向，失去了最初的目标。在现实生活中，很少有人能够摆脱眼前的利益，而去追逐遥不可及的长远利益。但是领袖型的人却总能做到以长远的眼光来看待问题，这也是领袖型的人物能够率领一方的原因所在。领袖型的人物身上永远充满了热情与活力，他们不容自己出现丝毫的懈怠与软弱。他们拥有远大的目标，从来不满足于眼前的既得利益。因此，在利益面前他们总能很好地处理眼前利益与长远利益之间的关系。

简单来说，生儿育女是为了以后让儿女养老送终；环境保护，花费了很多钱财、物资、劳力，是为了让下一代甚至下下一代人的生活环境不受破坏；人们付出高昂的学费、宝贵的时间，都是为了学到知识，学到技能，将来能够找到好工作，得到较高的报酬，或者为人类做出较大的贡献。然而我们会发现，这些利益的选择几乎是没有什么风险的，也没有什么抉择的困难。如果有一处各种环境条件都非常好的地方，作为旅游开发地点效益会非常可观，但是这里的原始环境会被污染破坏，那么这时人们会怎样选择呢？很多人或许就会为了眼前的利益而牺牲长远的利益。所以在利益面前，人们很难做出判断与抉择，而当长远利益变得虚无缥缈之时，这种选择会变得更加困难。领袖型的人物在他们最初决策时，也会遇上同样的困难。

那是在彼得读高三时的夏天，他很快就要毕业了。这时他的一个好友向他推荐了一个收入非常可观的工作。这对彼得来说是非常难得的赚钱机会，这意味着他很快会有一辆自己喜欢的自行车，还可以购置一些新衣服，并且可以慢慢地攒钱，为妈妈买一所房子。诱人的前景和彼得的孝心，促使他毫不犹豫地应允了这份工作。但是，彼得也意识到为了这份工作，他就不得不放弃自己的棒球训练。而他人生最伟大的目标就是成为一名优秀的运动员。最终，他还是鼓足勇气找到教练，并向教练说明了自己的打算。教练很生气地对他说："今后，你将有一生的工作时间，可是你学习棒球，参加比赛的时间又有几天呢？而这几天是你用一生的时间也换不回来的！"彼得惭愧地低下头，他觉得自己很委屈，好想把自己想要工作的理由告诉教练。就这样，彼得的思绪在财富和实现梦想之间不断徘徊，他知道没钱的日子很难过，并且他也很想孝顺母亲，但是此时教练的话还在耳边："难道你梦想的价格只值这些钱吗？"最终，在眼前利益与长远目标的权衡中，彼得毅然放弃了工作的机会，而全身心地投入到了训练之中，并且取得了很不错的成绩。丹佛的野马队还在1984年与彼得签下了待遇丰厚的合同，此时他为妈妈买一所房子的梦想变成了现实。虽然这个梦想实现得有点晚，但是这样的选择却让彼得获得了精彩的人生。

彼得的故事告诉人们，在眼前利益与长远目标发生冲突之时，必须要做理性的思考与分析。在考虑人生、事业的发展方向时，只有不拘泥于眼前和表面，从最远、最高的角度考虑整体的利益，才能做出让所有人折服的策略。下面这个例子，就是一名销售人员站在企业的长远利益角度施行的一个重要决策。

西铁城是日本著名的国际性钟表公司，它在国际钟表行业创造了很多世界第一。而这些成就除了钟表本身的技术质量外，与西铁城的信用也是分不开的。在西铁城创立早期，它的销路并不尽如人意。后来有位年轻的销售人员向公司保证他能够打开公司产品的销路，前提条件就是要先付出大量的金钱。对于这样的要求，西铁城公司的上司并不是很相信他，他们担心最终手表仍没有销路，而导致全盘皆输。可是在那名销售人员苦口婆心的劝说下，公司勉强答应了。这名销售人员的策略就是从飞机上往下扔手表，那天的场面非常宏大，成千上万的人前来拾表和观看。结果通过此举，人们知道了西铁城，也让大家鉴证了手表的质量。这名销售人员为了打开销路，雇佣飞机要花很多钱，把很多价值昂贵的手表往下扔又花了很多钱，虽然失去了眼前的经济利益，但是，为了取得轰动效应，打开销路，获取更长远的利益，只得忍痛放弃眼前的利益。当然，这名销售人员最后成为了西铁城在国际销售总部的CEO。

可见，一个公司或团队要得到良性的发展，作为它的领导人，必定要有长远的眼光，而不会只看到眼前利益，更不能饮鸩止渴，这样公司才可能得到长远的发展。领导人要有为了长远利益而牺牲眼前利益的胆识，还要经常制订出公司的长远目标。而这个目标就是公司发展的方向和动力，并且这个目标必须是长远的，如果领导者把目标放得太低，公司就不会进步了。

由此可见，一个团队、一个公司甚至是一个国家的发展，都离不开一个领袖型的人物。而领袖型人物那种天生不安于市井小民的心理，注定使他们走向领导他人的位置。如上述所说的那名销售人员一样，领袖型的人物无论最初扮演的是什么样的角色，他们总能够在人群中脱颖而出。这是因为他们天生有着不同于他人的超凡爆发力，他们的这种特质是不会让他们埋没在人群中的。

在工作与生活中，有些人首先想到的是自己眼前的一点利益，他们不会在意人生的走向，不会关注国家的发展、公司的未来，他们只要过好今天；而领袖型的人物，则总是习惯于站在大众的角度上，想到整体的发展问题，以团队的利益为先，做高瞻远瞩的思考。这种人以团队的发展、身边人的幸福为己任，他们习惯于为大家作决定，指导前进的方向。

3

立即行动——领袖型人物的座右铭

领袖型的人物被称为“行动派”，在他们身上带有“肯做”的态度和内在的动力。他们习惯于一碰到问题便马上采取行动去解决，他们无法忍受让别人来帮助自己。他们想要独立自主，一切靠自己，他们想要做人们的“救世主”，而行动就是唯一的途径。

事实上，行动的意义在一开始就深深植根于领袖型人物的大脑里，他们知道只有行动才能让他们拥有强大的力量，才能使他们保护和驾驭别人的愿望变成现实。他们深深明白，无论是伟大的还是渺小的构想，如果不做就不会给自己和他人带来收获。而在现实生活中，有很多人懒于做事、行动，他们每天靠幻想来满足自己，希望自己有一天能够干成一番大事业。通常，这种人想的、说的永远都比做得多，而他们始终没有行动就是因为他们的懒惰，他们不断地在想象中增加事情的难度，最后在自己假想的困难面前裹足不前。

然而，领袖型的人物则从来不会多想，他们做事雷厉风行，想到什么就去做什么。他们认准了目标就行动，而且在做的过程中，勇往直前，克服困难，从而实现自己的目标。**正如克雷洛夫所说：“现实是此岸，理想是彼岸，中间隔着湍急的河流，行动则是架在河上的桥梁。”**可见，只有行动才会产生结果。这就好像要想抵达目的地，除了要给车加满油，弄清前进的方向和路线外，还必须要把车起动起来，并保持足够的动力。

有一个寓言故事，故事中讲到在偏远的地方有两个和尚，其中一个贫穷，一个富有。一天，穷和尚对富和尚说："我想到南海去，你看怎么样？"富和尚说："你凭借什么去呢？"穷和尚告诉富和尚他只靠一个水瓶、一个饭钵就足够了。富和尚嘲笑穷和尚说："我多年来就想买船沿着长江而下，现在还没做到呢，你就凭这些怎么能办到呢？"然而最终，穷和尚到达了南海，而且只用了一年的时间，而富和尚仍没有达成自己的目标。

这个故事浅显易懂，要达成目标、做大事业，必须要行动起来。领袖型的人物对此深有体会：**没有行动，理想永远是空话，只有行动，理想才会变成现实，人生才能走向成功。**

领袖型的人物之所以能够成为万人瞩目的领导者，有很大原因也是因为他们有这种立即行动的习惯。只有立即行动才能及时抓住机会，成就事业。领袖型的人物讨厌拖延、幻想，他们喜欢用自己的双手代替嘴巴做事。他们讨厌浪费时间在无聊的事情上面，他们的眼中没有明天，只有今天。因此在他们的生命中，从来不会出现"明日复明日，明日何其多？我生待明日，万事成蹉跎"的遗憾。有一个这样的例子，在两个起步完全相同的人身上，却出现了两种截然不同的人生。

亨利与杰森是非常要好的朋友。几年前，两人的家庭环境都不怎么好。有一天，他们发现，在车站旁边有很多上班的人在吃一些生的食物。于是两人想如果来这里办一家熟食店，那么销量一定会很好。亨利说干就干，立即行动起来。没用多长时间，他的小店就开了起来，并且推向了市场。而杰森却想，他要再等一等，看一看亨利的餐厅效益怎么样，因此他还没有行动。起初，亨利确实遇到了很大的困难：市场打不开，每天来往的客人几乎没有增加过，渐渐地资金周转不灵，员工工资不能按时发放等。见此情况，杰森心理暗自庆幸自己没有行动，否则也会陷入困境。但是，拥有强大动力的亨利并没有被困难吓倒，他针对困难一一想出办法解决。一年后，他的餐厅终于渡过难关，利润滚滚而来。此时，杰森看到亨利有利可图了，他开始着手想办自己的餐厅。可是为时已晚，因为餐厅市场早就被亨利拉拢而来，亨利餐厅的连锁店基本上覆盖了整个车站及其周围。所以杰森开餐厅的愿望终于在他的唉声叹气中消亡了。

在这个故事中，两个人同时看到了机会，但亨利却能马上行动，占尽先机；杰森却犹豫观望、瞻前顾后，坐失良机，最后使两人走上了两条不同的人生道路。可见领袖型人物的这种做法充分体现了苏格拉底的想法，那就是“要使世界动，一定要自己先动”。其实，在他们行动之时，他们早就想到了在行动过程当中，必然会有种种困难。因为每个冒险活动都会带来许多风险、困难与变化。如果非要等到“没有交通阻塞、汽车性能没有任何问题、保证今天天气良好、心情不错，没有意外发生”的情况下才出发，那么要等到何时呢？就像上面例子中的杰森，即使等到了，时机也早已过去了。其次，领袖型的人物面对困难时，他们从来不会惧怕退缩，而是面对现实，积极解决困难。

可以说，这样的行动习惯，也养成了领袖型人物能够快速解决问题、主动帮助别人的习惯。因为通常还在别人犹豫事情到底要不要做，做了会有什么样的后果，在中途会遇到什么困难之时，领袖型的人物已经将事情完成了；而在别人遇到困难之时，领袖型的人物也会毫不犹豫地去帮助别人解决问题，并且他们的这种帮助从来不要报酬、心甘情愿，不会做一些虚伪的表面工夫。所以一般这时候，行动派的领袖型人物总是受到别人的欢迎和尊敬。

也正是领袖型人物这种立即行动的做法，让他们在做事情时显得果断、干练、突出，这样的特质能够让他们在短时间内受到上司及他人的瞩目。由于他们总能抢占先机，积极地抢先行动，以至于他们能够提前站到比别人更高的地方展望全局，能够做出有创造性、前瞻性的决策。通过这样的行动来实现目标的过程本身对领袖型的人物也是一个充电、提升的过程，因此他们就会变得越来越强大。渐渐地，领导变得依赖他们，而其他的员工及身边的朋友也开始唯他马首是瞻。比如在生活中，那些性格柔弱者遇到困难时，总会想到找领袖型人物帮忙；在公司中，老板也会将公司的业务交给领袖型的人物来办。这也说明了作为行动派的领袖型人物，注定要走到人们的前面，充当人们的保护者。

小贴士

在现实生活与工作中遇到这样的行动派，作为领导要给他们足够的机会让他们实现抱负；人们与这种行动派的领袖型人物交往时，也不要被他们的这种个性所吓倒，而应该尽量跟上他们的工作步伐，使自己取得工作成就，以免成为寄生虫。

4 宽容大度，彰显领导魄力

“海纳百川，有容乃大”，这八个字出自于民族英雄林则徐题于书室的一副对联中，它的意思就是人要有像海纳百川一样的宽广胸襟，才能更加强大。一个人只有做到豁达大度、胸怀宽广，才会使别人信服与追随。而在现实生活中，真正的强者之所以能够取得傲人的成绩，无不是因为拥有这样的修养，才使自己立于不败之地。领袖型的人物不拘小节，他们同情弱者，乐于助人，对同事、朋友宽宏大量，也体现了他们这种海纳百川的品质。

领袖型的人，他们心中有大思想，他们对人在态度上有时虽然粗暴，但是实际上他们通常不会为难别人，更不会故意以刻薄的态度对待他人。大思想使他们拥有宽厚博大的胸怀，还有小事不计较，大事不糊涂的雅量；他们最骄傲的就是让人们感觉到他们是堂堂正正、坦坦荡荡的，并且有信得过、靠得住的人格魅力。与他们共事的人都清楚，只要不当众侮辱他们，他们是不会与人起冲突的。对过去的事情，即使是敌对的事情，他们也不会在事后记恨报仇，因为他们明白，只有做到宽容别人，才能得到别人的支持。

俗话说：“士为知己者死。”显然，领袖型人物的能够理解他人、赏识和信任他人的胸怀，是他们能够成为一方“霸主”，成为领袖的重要特质。相反，如果领导者事事锱铢必较，那么他只会逐渐失信于人，失去这种领导地位。下面这个简单的例子就说明了这个道理。

在公司的一次生产会议上，总经理向一位产品主管提出了关于生产流程的问题。他的问题十分尖锐，语调也咄咄逼人，似乎就是瞄准了那位主管在工作中出现的错误。由于不愿在同事面前丢面子，那位主管有意回避。但是总经理更生气了，严厉地指责主管信口雌黄。

那位主管曾为公司创下了非凡的业绩，但在这次冲突之后，友好的合作方式很快便土崩瓦解了，而且再也没为公司做出过贡献。几个月后，他辞职了，并到了原来的竞争对手那儿工作。据说他在那里干得十分出色。然而没过多久，原来他所在的公司因管理混乱，效益低下濒临倒闭。

在事例当中，这名总经理犯了两个严重的错误，一是在众人面前对待员工毫不留情，咄咄逼人，这必定会引来员工的记恨；二是显然这名总经理还没有弄清楚事情，就一味地指责主管的错误。其实正如卡耐基所说："一百次中有九十九次，没有人会责怪自己的任何事，不论他错得多么离谱。我们用批评和指责的方式，并不能使别人产生永久的改变，反而会引起愤恨。不要责怪别人，要试着了解他们，试着明白他们为什么会那么做，这比批评更有益处，也更有意义得多。"所以总经理责骂后的结果只能是失信于人，招来他人的怨恨，并且不会再得到他人的支持。著名的美国律师兼零售业企业巨头欧文杨曾经指出："那些能够成就大事业的人，从来不会认为别人是'错误'的，他们看到的只有别人的'正确'。"当然如果对方真的有错误，领导想改变他，那么也应该站在对方的立场上考虑问题，这才是理解对方的基本方法，也才能从根本上得到对方的认同。因此，一个人固执己见，不理解别人，而且当面指出他人错误的人，是很难成大事的。

在这一点上，领袖型的人物从来不会针对某一点错误而当众羞辱员工，他们生平最讨厌诬陷和冤枉。他们总会将事情弄清楚，以解决问题为先，而且从来都是对事不对人。领袖型人物那种提升自我、看重实际的特点，决定了他们从来不会随便抱怨和指责他人，他们不容许自己为了琐碎的事情而伤神费力。

另外，领袖型人物的海纳百川与他人的宽容大度还有些不同：一般人是以不计较得失，与他人和谐相处，给自己创造一个平和的环境为出发点。而领袖型的人物认为自己拥有的强大力量足以包容别人，自己有责任来维护他人的利益，也就是说他们的这种海纳百川代表着他们的力量及一种直率大方、浑然天成、胸有成竹的气度。他们不会将人分成三六九等，也从来不会戴着有色眼镜看人，在他们眼里只要每个人都在努力的工作，就该受到尊重与包容。即使部下做得很失败，他们也会理解、包容。无论在生活中还是工作中，领袖型的人物在处理事情时都有一股江湖义气的作风，拥有着包容一切的大气。

所以在无形中，他们的这种宽宏大量、海纳百川的品质为他们的事业道路提供了“人和”的条件。

所以在生活中，人们不妨做百川中的一流，享受大海的恩泽；在工作中，则充分地展现自己的才能，充满自信地在领袖人物的领导下，共同进步。同时在人际交往中也要学习这种宽容的气度，对于领袖，也要时常站在他们的角度上思考，这样会使自己的人生之路更加顺畅。**正如法国大作家雨果所说：“世界上最广阔的是海洋，比海洋更广阔的是天空，比天空更广阔的是人的胸怀。”因此，每个人都应该拥有一个比天空还要广阔的胸怀，这样生活才会幸福，事业才会成功。**

5

激情与充实是领导、驾驭别人的奠基石

每个人都在人生的跑道上不断奋斗，希望有朝一日能够出人头地。随着社会经济的发展，科学技术的进步，人们也在成长变化。所以在这个跑道上的人换了又换，有的因为体力不支而退出了跑道；有的因为沿途的风景而驻足停下；而有一种人却一直保持着强大的生命力，他们始终坚持着，并且越挫越勇。事实上，这一类人就是领袖型的人物，他们追求理想的步伐永远充满着激情。

领袖型人物永远充满着激情的力量来源于他们能够不断地充实自己，超越自己。他们笃信“吃得苦中苦，方为人上人”的道理。他们为了实现自己的理想，就算付出再大的代价，也在所不惜。他们从来不会觉得吸收知识是一件很困难的事，他们喜欢学习多方面的知识，包罗万象。在学习过程中，他们态度谦虚而不顽固，当意识到自己的错误时会立即改正。据美国伯克利大学人格心理研究中心的研究发现，领袖型人物这种好学性格的养成与他们的童年环境是分不开的。精神心理学家纳兰霍指出：“领袖型的人物虽然成长之后非常理性、坚强，但是其实他们的内心更加需要他人的爱和关注。这在他们童年时期就体现出来了。”他们在小时候与其他的孩子一样渴望得到大人的关爱，可是有一点与别人不同，他们十分执著，当得不到别人的爱时，他们就会想办法解决这个问题。后来他们发现在自己做出成绩的时候，大人们就开始关注自己。于是，他们开始发展自己的能

力，并敢于发表自己的看法，而在能力的表现上也渐渐得到大人的肯定，从而更强化了他们对发展能力的需求，他们认识到只有不断扩充自己的实力，才能得到别人的尊重与追随，才能真正地统领他人。他们渴望用知识和实力来驾驭人和事。

在学习过程中，领袖型的人不相信捷径，他们对能够真正拥有实力特别着迷。对于这一点，领袖型的人物会说：“如果我不把这本事学会的话，我拿到的成果也不是名副其实的。”所以领袖型的人物不仅仅要达到最后的成功，他还要真正地拥有实力。领袖型的人物之所以能够迅速做出行动、决策，就是因为他们早已将一切情况掌握在他们的可控范围之内。而要做到这一点实属不易，他们的知识、能力都是在日积月累中获得的。谈及对于学习的执著，我们不得不提到牛顿。

牛顿十六岁时，他的数学知识还很肤浅，对高深的数学知识知之甚少。但是“知识源于积累，聪明来自学习”，牛顿下定决心要靠自己的努力攀上数学的高峰。面对基础差这个不利条件，牛顿正确认识自己，知难而进。他从基础知识、基本公式重新学起，扎扎实实，直到掌握要领，融会贯通。随后，他发明了代数二项式定理。有一天刮着大风暴，风呼号着，尘土飞扬，迷迷漫漫，人们睁眼都很难。牛顿则认为，这是个准确地研究和计算风力的好机会，于是便拿着实验用具独自在暴风中来回奔走。他踉踉跄跄、吃力地测量着，几次都被沙尘迷了眼睛，算纸也数次被风吹走，使他不得不暂停工作。但这些都没有动摇他求知的欲望。他一遍又一遍地测着，终于求得了正确的数据。他快乐极了，急忙跑回家去，继续进行研究。这就是牛顿“大风暴中算风力”的佳话。

正是牛顿这种孜孜不倦的学习精神，以及对知识的渴求才为他登上科学高峰打下了深厚的基础。不久，牛顿的数学高塔就建成了，即二十二岁时发明了微分学，二十三岁时发明了积分学，为人类科学事业作出了巨大贡献。可以说，牛顿一生都在不断地学习与研究，从来不会因为自己的成就而满足。

而一个人之所以能够不断地学习、奋斗，与一个人的理想、生活的激情是分不开的。弗兰克·贝塔哥在他的棒球职业生涯中就说过这样的话：“激情彻底消除了我在打球时的恐惧心理和紧张情绪，以至于发挥得比自己想象的还要好；我的热情就像一把火，点燃了其他队员，他们也变得和我一样激情澎湃。”可见，激情与进步是互相促进的。在外人看来，领袖型的人永远是精力充沛的，人们几乎看不到他们萎靡不振的时候。无论是何时，他们都精神高涨，这使他们周围的人不得不从内心深处佩服他们，尊敬并追随他们。

小贴士

其实，每个人的生活中都应该充满热情，因为人生在世，每个人都有自己的理想、自己喜欢的职位，所以千万不能懈怠，应该不断地为自己充电。虽然不会像领袖型的人物那样对别人产生多大的影响，但是却可以掌控自己的人生。尤其是那些与领袖型人物共事的人，一定要对自己所做的工作充满激情，这样才能受到他们的重用。当然，领袖型人物周围的朋友必须要充分理解这类人的性格，不要好奇他们的激情，这只不过是他们生活的方式而已。

6 领袖型人物是正义的使者、公平的化身

在经济迅速发展，社会渐趋复杂的今天，虽然大多数人都能安居乐业，和谐相处，但是由于社会经济发展的不平衡，在生活、工作中仍会存在着不公平、尔虞我诈、欺凌弱小等不正义的事情。那么在这个时候，讲求公平正义就变得无比珍贵。虽然社会上很多人都能做到遵守道德法规，但在人与人之间的交往上大家的原则大都是“各人自扫门前雪，莫管他人瓦上霜”，很少有人能够站出来维持正义、公平。然而，有一种人却能够在不公平、不正义时挺身而出，这类人就是领袖型的人物。他们面对社会上的黑暗，认为一定要有人出来主持正义，因此他们一直认为自己是正义的使者。

其实，领袖型人物的这种观念在童年时期就根深蒂固了。英国心理学家麦克·彭等人在人类性格形成机制研究中指出：“当一个人在童年时期受到了某些方面的刺激、伤害，那么到他们成年时，这种影响还会存在。”而他们在研究中发现，像这种在成年之后有正义感的人，多半是因为他们小时候，眼中已看到了很多不公平和不正义的事情。或许在他们的眼中，所有人的举动都是出于欺凌的心态，包括父母恃强凌弱、拿出大人的身份欺压自己。而每当这时，领袖型的人物在无力处理的情况下，便会感到不忿，并等待长大以后，即自己有能力之时，不会再容许这些欺压事件发生。不过他们在小时候绝不会显露自己的霸气，当然也不会显得太天真。那时，他们已经高深莫

测。当他们长大后，无论是在体型上还是知识上，都已经强大了。他们认为有信心掌控一切，所以锄强扶弱的气势便呈现出来，每当遇到不公平、恃强凌弱的情况，他们自然担当起主持公道的角色。若有一方不顺从，他们会直接就事论事地反驳，并振振有词地说出自己的见解，那么此时，对方自会被他们的霸气所压倒。

当然，在领袖型的人物长大之后，以主持公道的身份出现时，其实他们的公正是以自我为中心，以能够驾驭别人为前提的。并且由于他们相信只有努力获取知识、提高能力才能拥有权力，所以他们一方面憎恨那些用不正当手段取得权力的人，另一方面也认为那些如寄生虫、无所作为和不肯上进的庸才是没有权利生存下去的。在面对不公平和不正义的事实时，他们知道只有权力会让人占尽优势，而弱者则不停地被侵蚀。所以，领袖型人物相信，只有自己变成强者，才可保护自己，保护其他人，维持世界的公平和正义，从而换取统领他人和被众人尊重的感觉。

如在生活中，领袖型人物无论是在自己家里，还是在大街小巷，只要遇到一点不公平的事，他都要上前主持公道。通常在片刻之间，他们就会从一个路人变成整件事情的法官。在英国北部的一个小镇上就曾经发生过这样一个故事。

路易斯太太是一个非常精明的老人，虽然年事已高，但是精神头十足。她年轻时在一家首饰公司做销售主管，是一个标准的女强人，霸气十足，虽然现在已经退休在家，但是这一点都不会影响她的作风。家里的大事小情都要由她做主，是一个标准的“说一不二”的角色。儿女对妈妈的要求一一满足，但唯有一点让他们放心不下，那就是妈妈十分有正义感，经常会“路见不平”、主持公义。

一天路易斯太太出去购物，她走进商场看见有两个人在争执。于是路易斯太太分开人群，没过几分钟就弄清楚了事情的原委。原来有一名顾客在这里买了一块手表，回到家后发现手表上面有瑕疵，于是要求退还商品。但是由于手表上面的刮痕并不在三包之内，所以商店人员不予退换。很多人认为这件事是个“无头案”，有的继续观看，有的则悻悻地走开了。这时，路易斯太太站出来，她仔细看了看手表，还了解到这名顾客只买了不到半天时间。所以路易斯太太要求商店人员退换商品，她以十分自信的口吻命令道：“先生，显然这块手表的刮痕在商店时已经存在了，你们理所当然地要退换商品。”商店人员狡辩道：“这位太太，就算刮痕早就在上面了，但是由于这位先生买的时候没有发现，因此这件事情没有办法证明，并且这确实不在三包之内。”这时，路易斯太太据理力争道：“你们这是欺诈，在半天之内你们的商品就出现了问题，这就说明你们的商品本身的质量就不过关，你们必须要承担责任。”这时，围观的人越来越多，而商店的人也开始词穷，并且在这位“正义”的法官面前，他已经无力辩驳，所以只好准备退换手表。可就在这时，几名英国警察走过来了解情况，最后决定对商店的这种行为进行重罚。然而出人意料的是，刚才还痛斥商店人员的路易斯太太，反过来又站在了商店人员的立场上，把这几个警察教训了一顿：“你们办事，怎么不从实际情况出发，商店人员已经道歉，并且已经将顾客的商品退换了。他们已经为自己的行为负责了，况且他们还要处理那块退回的手表，这件事情到这里就可以结束了。”就这样，这几名警察在路易斯太太的争辩之下离开了。

显然从案例中可以看出，路易斯太太是一个典型的领袖型人物。她用她的正义感和理所当然的领袖风范，解决了一场纠纷。通常，面对纠纷人们习惯于站在个人的角度，维护自己的利益，而忘记了社会公正，人类道德，除此之外，在很多地方存在着欺诈、偷盗，恃强凌弱的现象仍屡见不鲜，而这些情况的出现，只用法律和道德规范是不能在短期之内消除的，所以社会需要更多的人站出来维护正义与公平。

小贴士

事实上，当领袖型人物在维护公平、正义时，他们的内心是在享受着控制全局的过程，他们喜欢一切按照他们的想法来做，这也是他们那种保护弱小的心理在作祟。另外，他们喜欢将一切问题明朗化，因此在工作中，他们要求一切公平竞争，而讨厌那种隐瞒欺诈、暗中做手脚的行为。当然如果作为他们的下属，那在思想上一定要“纯洁”，因为领袖型的人物是不会允许自己的部下中存在不公平及阿谀奉承的人的。

7 勇于挑战，永不停歇：领袖型人物事业成功的关键

在这个世界上，没有人喜欢当弱者。每个人都渴望得到第一的花环，强者的头衔，万人瞩目的荣耀。但不是每个人都能成为第一，这需要人们具有挑战精神，永不退缩。然而在风云变幻中，只有领袖型人物始终保持着这种勇于挑战的精神，在他们看来，强大的竞争对手并不可怕，可怕的是一个人会停止向前的脚步。

领袖型的人物具有挑战、应战的精神，他们从来不惧怕强者，不逃避困难，因为站在巅峰、取得成功是他们的终极目标。他们的心中只有第一，没有第二，更不用说第三、第四。根据心理学家海因罗特的研究，这是一种"印刻效应"，这种效应最初出现在德国习性心理学家海因罗特的一个实验中。在实验中他发现：刚刚破壳而出的小鹅，会本能地跟在它第一眼见到的动物后面。但是如果它第一眼见到的不是自己的母亲，而是其他活体，它也会跟随。尤其重要的是，一旦小鹅形成了对某个物体的追随反应，它就不可能对其他物体有这种反应。海因罗特将其称为"只承认第一，无视第二"的反应。后来这种反应被德国另一位心理学家沦洛兹称为"印刻效应"，他认为这种效应同样适用于人类。显然"第一"的概念在领袖型的人物心中留下了深刻的印象，他们一生都在追随"第一"。他们不断地攀登，越过一座山峰又一座山峰，只要前面还有更强的对手，他们就不会停歇。障碍、对手，不会消灭他们，只会激起他们的斗志和挑战欲。"问苍

茫大地，谁主沉浮”“雄关漫道真如铁，而今迈步从头越”“敢教日月换新天”等诗词都代表了领袖型人物的豪气，让人们深刻地呼吸到他们的挑战气息。

也正是他们心中这种只看第一的心理，使他们能够取得巨大的成功。美国通用电气公司前任CEO杰克·韦尔奇就是这样一位具有挑战欲望的领袖型人物，在他的眼里自己所领导的部门必须要做到第一，这样才能体现自己及通用公司所有员工的价值。韦尔奇在上任的第一次年会上，就提出了“要做第一，做第二的部门将会被强行关门。”他还告诉员工，要做就要做第一，否则的话就算把那些毫无竞争力的部门卖给对手，他也不会在二流的部门苟延残喘。虽然在生产创业中，通用公司遇到了很多困难、挫折，但是韦尔奇从来没有退缩，而是越挫越勇，终于在20世纪末的最后20年里，在经济形势最不景气的情况下，通用电气做成了美国最成功的企业。

从韦尔奇的创业过程中可以看出，韦尔奇的成功，首先是他拥有鸿鹄之志，其次是他拥有绝对强大的战斗力。拥有鸿鹄之志，是一个人能够取得巨大成功的前提。如果一个人连树立一个伟大志向的勇气都没有，就更不用说要面对今后的各种挑战了。心理学家艾里克森分析，有时候“第一”就像是一个导航，会指引人们走向成功。半路跌倒没有爬起的人，他们会得到小部分的成果；而一路上不断挑战的人，才会取得大成功。

挑战应战，是要在气势上压倒对手，即在对峙中敢于向对方挑衅，用自信的眼光面对敌手。如果在一开始，就先低下了头，或者是用“我恐怕不行”“没想到对手这么强大”的语言暗示自己，那么这场对峙你已经输了。领袖型的人物面对竞争对手时，他们只会昂首挺胸，即使对方十分强大，他们也不会放在眼里，他们相信自己是最好的。

在世界体坛上就有这样一个人，他能够一次次打败对方，取得辉煌的成绩，他小小年纪就受世人瞩目，这个人就是拳王泰森。

泰森从踏入拳击生涯开始，就以压倒一切的气势出现在世人面前。1985年泰森第四场职业赛的对手史佩恩，在第一回合中就被泰森重拳击倒了。史佩恩失败后说：“泰森简直不是人，我对他产生了刻骨的仇恨。他一拳将我击倒，使得我从此抬不起头来，我还怎么继续从事拳击比赛呢？他这一拳，打毁了我的事业和前途。”是的，在比赛中，泰森就是以这种毁灭性的打法创造了一个又一个的奇迹。泰森共参加了38场职业拳击比赛，其中37场比赛他都是胜利者。在这些赛事中，有19场是在第一回合击倒对手获胜的，6场是在第二回合完成比赛，对一名身体并不算出色的重量级拳手，这不能不说是惊人的。泰森也是在那个时候获得了拳坛上“不沉的航空母舰”和“重型坦克”的称号。

在“泰森拳坛时期”的六年时间里，泰森可谓过五关斩六将，他的铁拳征服了当时所有重量级耀武扬威的世界拳坛名将，如伯比克、毕格索、霍姆斯、斯平克斯、布鲁诺、史密斯等一级高手。那么究竟是什么力量让泰森打败了如此强大的对手呢？难道他的拳头真的是“铁拳”吗？退出职业赛之后的泰森曾经坦白地说：“我承认我自己打拳的实力，但是其他的对手也并不弱，我们的实力都旗鼓相当。我之所以能够取胜，我想应该是赢在气势上，我从来没想过自己会输。”从泰森的言辞中，人们可以了解到正是泰森这种“不会输”的信念让他在比赛中所向披靡，成为一代拳王。由此可见，如果在双方力量相当的情况下，进行一场心理战则是不可避免的，相信自己能赢，敢于向对方挑战，这样在心理、气势上已经打败对方了。

当然，世界上没有永远的第一，如今社会竞争激烈，如果今天不努力或精神懈怠，那么明天就有可能被别人超越。因此领袖型人物成为第一之后，他们会不断挑战，在挑战中提升自己，增强战斗力。因为从心理学角度分析，有对手、有竞争会增强一个人的危机感、紧迫感。在与对手过招的过程中又会唤起拼搏的激情，激起旺盛的斗志。法兰西第一帝国皇帝拿破仑·波拿巴曾经说过：“我希望有敌人存在，我愿意同他们斗，他们的存在会让我的血液沸腾，我喜欢把他们打翻在地的感觉。”

小贴士

一个人要取得成就，打败对手，不让自己淹没在社会发展的洪流之中，就要树立鸿鹄之志，时刻保持高昂的姿态、饱满的精神，勇敢地挑战人生道路上的艰难。

8
激励有道：得心应手的领导驾驭之术

人生之路总是布满荆棘，坎坷不平。当人们面对世间的不如意时，总希望有人能够帮助自己，或许是欣赏的眼光，或许是一句鼓励的话，都可能使人们走出人生的沼泽。但是如果周围是冷嘲热讽、凄风冷雨的情景，那么人们或许再没有勇气面对这样的世态炎凉。由此可见，激励在一个人的生命中有着重要的作用，而激励他人则是在心理上驾驭别人的一种方法。

首先，激励能够激发人的潜能。美国著名的心理学家詹姆士曾经说过："与我们本来应有的成就相比较，我们只不过利用了身心资源的一小部分。也就是说，我们有着各种力量，但从未被利用过。"在詹姆士看来，人们身上实际上充满着无数的能量，而这一部分能量就需要其他的方式如激励来开发出来。例如，一个人在工作中已经筋疲力尽时，一句"你做得非常棒，我相信你今天一定能够完成任务"，就可以使这个人突然间充满了力量。曾经，在伦敦街头流浪的一个青年在得到别人的几句称赞之后，他的人生就发生了巨大的变化。

这个青年一直都想成为一名作家，但是事事都不如意。他只读了四年书，因为他的父亲已经负债累累，被捕入狱。他已经无家可归，好在找到了一份工作，在老鼠肆意的货房中粘贴便条。夜里他睡在一间破旧的阁楼中，同两个来自伦敦贫民窟的儿童住在一起。

在这样的环境中，他没有放弃写作。但是他对自己的作品极其没有信心，他每天夜里偷偷地出去将自己的稿件寄出。他不想让人知道自己的作品一个一个地被拒绝。正当他想要放弃的时候，他的一篇作品终于被接受了。实际上，他没有得到一点报酬，但一位编者称赞了他。就是一句简单的称赞，使他兴奋得整夜未眠。从此之后，他对自己的作品充满了信心，用满腔的热血投入到了创作之中。这个人就是英国著名的作家查尔斯·狄更斯。

仅仅是由一篇文章而得到的称赞及承认，就改变了狄更斯的一生，可见激励别人的威力有多大。正因为有了激励，那些失意的人才能重新扬起奋斗的风帆，落魄者才能重新拾回自信，绝望者才能开拓新的生命。

因此，作为领导就更不能吝惜自己的激励。对员工的激励，可以直接调动员工的积极性和创造性，让他们能够心甘情愿、义无反顾地为工作负责。

通常情况下，领袖型的人物都是用以身作则的方式来激励他的部下的。人们经常会看到有什么样的领导就有什么样的部下和员工，领导是一个贪图享乐的无能之人，那么他的员工一定也是一群好吃懒做之徒；如果领导是一个追求完美、一丝不苟的人，那么他的部下看上去一定都非常严谨；而领袖型人物所领导的部下，一般都有着非常高昂的工作热情。所以领导在工作中，一定要严于律己，保持着积极的情绪，用自己的行为激励员工。或许一个领导无法对每一个员工言传身教，但是他却可以用自己的精神，用自己的态度表达对员工的赞许。作为领导者还要做到“用人不疑，疑人不用”，要鼓励和支持部下的创意和做法。

另外，心理学家卡特尔还指出，人们若是对自己所做的工作有一个全面的了解和深刻的体会，那么他在做这些事时，就会充满激情。也就是说，在工作中要让员工了解自己的工作，让他们感受到自己的工作成果，这也是激励员工的一种办法。沃顿商学管理学教授亚当·格兰特认为，那些知道自己的工作能给他人带来有意义的积极影响的员工，不但比那些对此一无所知的员工更快乐，而且工作成效也要高很多。他强调，工作的重要性是积极工作的关键驱动因素。此外，如果使员工与服务对象之间面对面的互动，即使看起来非常表面化的交谈也能强化工作的重要性。据研究发现，工程师、推销员、客户服务代表、医生等能直接看到自己给他人带来影响的人，其工作表现都更胜一筹。其实，这从人性的另一个角度来讲是人们对自己工作拥有的成就感的表现。当科学家看到自己研发的产品给大众带来方便，当教师看到学生功成名就，当医生看到病人康复时，他们的内心一定非常激动，相对于一些金钱和赞美，这或许是对他们工作的最大肯定和鼓励。

小贴士

要想得到别人的认可，就要先学会激励。用真诚的心对待他人，站在对方的角度上将心比心，并在别人做的每件事上寻找值得表扬的地方并及时地加以肯定。这样一来，想要拥有一个好的人际交往环境，就不再是人们的奢求了。

第十章

揭开和平型、和谐型调停者的心理特征——世界本应充满和谐与美好

和平型人格最大的特点是喜欢息事宁人，他们最拿手的“好戏”就是大事化小、小事化了，很多看似不可能完成的事情，也会被他们“手到擒来”。和平主义者相信，在这个世界上，没有什么事情是不能商量的。也没有什么矛盾是不可调和的，这种平和的心态，总是能够使他们更加宽仁地去面对世界，他们的气度和心胸也总是让普通人难以企及。因此，和平主义者喜欢摆事实，讲道理，有时候甚至会委曲求全，牺牲自己的利益，以谋求心绪上的宁静，总之他们极少与人发生冲突。在实际生活中，和平主义者通常没有什么远大的目标，而是喜欢细细品味每一天，这在很多人看来甚至有些浑浑噩噩，虚度光阴，但如果我们静下心来思考一下，会发现也许他们才是生活中真正的智者。所以，和平主义者总是给人谦虚、恭敬的感觉，“好脾气”是人们对和平主义者的总体评价。

1

淡泊名利是和平主义者的一种人格魅力

对于大多数和平主义者来说，生活的概念要远远高于工作，换句话说就是，他们只是将工作视为生活中的一部分，因此，他们对待工作既不消极也不积极，完全只是为了工作而工作。在和平主义者看来，那些加班加点追求工作业绩的人是工作狂，那些自降身价、阿谀奉承领导的人更是不可理解。这些人每天和时间赛跑，把自己搞得身心俱疲，却居然一点都不快乐，在和平主义者看来这是绝对无法认同的。在面对工作的时候，和平主义者会自觉或者不自觉地融入对生活的态度，比如在随身的挎包里，别人可能会放一些文件，以便随时查看，而和平主义者则多数会放一些食物，以便随时享用；在工作之余，别人可能会加紧学习，尽量充实自己的工作知识，而和平主义者很少干这种“傻事”，在他们眼中，休息时间是休息时间，此时他们通常会玩游戏或者浏览网页。

和平主义者不愿意花费太多精力去思考问题，他们总是随遇而安，得过且过，事情不发展到迫在眉睫的地步，他们都不会加以关注。因此，和平主义者喜欢按照既定的路线去生活，任何超出他们想象的事情都会遭到排斥，对此，和平主义者会表现出少有的坚持，对于自己喜欢的事物，无论别人怎么看，他们都会不受干扰，始终如一。心理学家卡特尔提示人们，在和平主义者看来，人分彼此，事有你我。在集体行为中，和平主义者总是寻求整体的融洽与和谐，他们希望所有人都可以像他们一样与世无争，和平相处，甚至不惜牺牲自己的权益来促使这种局面的形成。而和平主义者对个人生活的追求，实际上是在寻求一种自身的和谐，他们捍卫这份和谐的决心，绝不亚于他们对集体和谐的希望。也许，在这个纷乱繁杂的世界，他们也只能维持自己内心的一份和谐，而对于整个世界，他们希望和谐，但也绝不强求。

和平主义者在人际交往中很受欢迎，他们近乎逆来顺受的性格会让每个人觉得亲切，而和平主义者也确实是各种性格类型中最易交往的对象。他们本身可能不善言辞，甚至完全不善于表达，但他们的性格会让所有人在他们面前放下警觉，很容易在交流过程中对他们敞开心扉，吐露自己内心深处的话语。而和平主义者也愿意甚至希望和别人进行交流，并且从不吝惜自己的帮助。性格使然，和平主义者希望通过自己的努力让更多的人融入和谐的生活，变成和平主义者。而对于他们来说，身边的和平主义者越多，安全感就会越强烈。

此外，和平主义者还有一个可贵的特点，那就是诚实，实际上，这种可贵的品质在他们身上体现出来的通常是一种憨厚。和平主义者也会做错事，有的时候甚至会明知故犯，但他们却极少隐瞒什么，尤其是在与人交往的过程中，他们的是非观念并不强。因此，和平主义者对待每个人，都是一片真诚，哪怕对方被多数人否定。著名心理学家米歇尔通过研究发现，和平主义者对性格存在明显缺陷的人反而更感兴趣。由于天生的性格优势，和平主义者更容易了解性格缺陷者的心声，如果能够帮助这些人甚至对他们进行改造，在和平主义者看来显然更有成就感。事实也已经证明，**就沟通效果而言，憨厚、热情的和平主义者的确更具优势，这一点，也是任何沟通技巧和经验所无法比拟的。**

如果说淡泊名利，不为世间权利所动是一种人生境界的追求，那么和平主义者就是天生具有这种境界的人。知足常乐是和平主义者又一个非常可贵的品质，他们不愿辛苦劳碌，但同时索求也不多，所以他们并不会被烦恼牵累。古语有训“有舍才有得”，和平主义者正是因为舍去了难以得到的名利，才获得了常人难以享用的快乐与幸福。

和平主义者对物质需求很容易满足，这会使他们在生活和工作中显得不够积极，对于提倡努力和竞争的现代社会，和平主义者的观念显然与主流不符。因此，有很多人对和平主义精神提出质疑，认为这是自我示弱甚至自欺欺人的借口。对此心理学家米歇尔表示，和平主义者的观念与主流价值不符，并不代表他们没有正面的追求，很多时候，只不过是与大家追求的价值不同而已。我们不能认为一个人的价值观念和大多数人不一样，就武断地认为他的观念是消极的甚至是错误的。比如让无数中国人感动，让无数中国相关专家汗颜的美国“汉字叔叔”，他原本是一个知足常乐的人，连找工作都从来没有认真过，但对于古汉字的研究却使他欣喜若狂。他不顾朋友反对，不顾妻离子散，潜心数十年进行汉字研究，并最终将研究成果在网站上与所有人共享。在中国经历了无数挫折和失败后，这位来自美国田纳西州的花甲老人发出了这样的感叹：“中国人似乎只忙着赚钱，可总有些东西比金钱更重要。”在谈到有关价值观话题的时候，“汉字叔叔”表示：“我喜欢学习，这比工作有兴趣多了。”

事实上，和平主义者并不是一点物质追求都没有，和“汉字叔叔”相比，许多和平主义者更愿意将精力放在营造生活的“小幸福”上。在自己的小天地里，他们自由而感性，几乎会为生活中每一个细节花费自己的心思，当然，和平主义者在做这一切的时候是欢快而愉悦的，对他们来说，这同样不是工作，而是生活的一部分。比如每个季节都更换栅栏的颜色，使它看上去更加适合不同季节的色调；按时修剪草坪，让整个社区的环境更加优美；自制一些面包和奶酪，使其更加符合自己的口味，并且保障绿色、健康等。美国心理学家米勒表示，和其他性格类型的人相比，和平主义者的另一个特点是“慢”，而且这是一种由内而外的慢，他们反应慢、走路慢，甚至连吃饭的速度都要比平常人慢一拍。但也正是因为这种慢，使他们在面对整个世界的时候可以拥有更加平和的心态，可以细细体味平常人所感受不到的幸福与快乐。

与此同时，和平主义者的性格劣势也值得我们引以为戒。在通常情况下，由于他们安于现状，又懒于思考，每天所关注的也只是眼前的一些东西。所以，生活中的很多习惯和细节都是他们不愿改变的，在这种情况下，一点风吹草动都可能引起他们的慌乱。而对于每一个人而言，生活中必然会发生一些意想不到的事情，可这样的事情一旦发生在和平主义者身上，对他们的打击很可能是致命的。和平主义者的安全感完全建立在对别人的信任之上，他们觉得世界应该是这个样子的，并为此毫无保留的付出。但即使是他们自己也很清楚，在这个世界上，并不是每个人都值得信任。然而，和平主义者的实际做法却时常让人大跌眼镜，在面对那些明显缺乏信任度的人时，和平主义者非但不会与他们断绝来往，反而会加大筹码，将更大程度的信任给予对方，以期得到对方的认可。不可否认，这种方法有时候也能取得一定的积极成效，但这种将自己的利益甚至命运完全交付到别人手里的做法，明显不能被其他类型性格的人接受。

小贴士

心理学家米勒表示，和平主义者是典型的生活智者，但性格使然，他们在工作和事业上通常难以取得可喜的成绩。这一方面取决于他们对价值观念的不同取向，认为工作应该从属于生活；另一方面，也在于他们懒于行动甚至思考，即使受环境所迫，和平主义者最终发起了对命运的抗争，他们也没有坚持和应变的能力，很快就会予以妥协和退让。等到环境允许的时候，和平主义者又会开始营造自己的“小天地”，这才是他们的常态。

2

心如止水，时刻彰显和平主义者的宽容

宽容的人总是能够格外受人尊敬，他们不计个人得失，对别人的帮助热情大方，和那些自私自利的人比起来，他们的存在简直就是人类社会的福音，而和平主义者的宽容更是达到了让人震撼的地步。

20世纪50年代初，英国首都伦敦的市民发起了一场规模宏大的游行，反对当局的残忍统治和对人民的严酷迫害，而起因却源于远在另一半球的东方国家印度。一天，民族运动领袖甘地带领一队信徒前往某圣地进行朝拜，这是他们的日常活动之一，虽然形式简单，对于他们来说却意义非凡。但由于英殖民当局正在执行任务，甘地等人要去的朝拜圣地遭到了封锁。当时，由于遭受英国殖民统治，印度人民与英国驻军冲突频发，甘地所带领的信徒中也有人主张杀死那两名封锁道路的英国士兵。但甘地不会这么做，他决定留下大队信徒去和英兵交涉，但由于英兵拥有枪支弹药，又对甘地他们戒心十足，信徒们担心甘地的安全，于是由两名信徒代他前去。

然而，让人想不到的事情发生了，当这两名信徒和英兵进行简短的交流后，便遭到了残忍地杀害。英兵的意图很简单，他们在杀一儆百，表明自己态度的同时也希望甘地和他的信徒们知难而退。甘地的信徒们群情激奋，纷纷要求冲过去杀死两个英兵，为死去的同胞报仇。对此甘地没有同意，而是开始弘扬他的学说，由于对甘地虔诚

的信奉，使信徒们渐渐安静了下来。紧接着，不可思议的事情发生了，甘地的信徒们站好队列，两人一组前去和英兵进行和平交涉。英兵越来越不耐烦，他们毫无任何言语地对信徒们进行枪杀，很快，在甘地和英兵之间仅仅百余米的道路上，有数十名信徒倒地毙命。而甘地的信徒们听闻此事之后，纷纷从各地赶来，虽然人数愈渐增多，但他们仍然只是默默地进入队列，准备前去和英兵交涉。

英兵终于害怕了，他们颤抖着双手拨通了上级指挥的电话，并最终让甘地和他的信徒们通过了关卡去进行朝拜。这件事在当时引起轰动，消息很快被派驻当地的英国记者传回国内，于是，两天后便有了那条爆炸性的新闻。英国的民众十分震惊，原来，时刻标榜文明、誓言维护和平的当局士兵，竟然是文明与和平最大的刽子手。在报道中，人们看到了对于和平的真正企盼，但却不是那两名英国士兵，而是倒在他们枪下的数十名印度平民。

对于甘地和他的信徒而言，宽容已经升华到一种信仰的高度，印度人民宽容仁慈的性格，也大多来源于甘地的精神。这是一种高尚的人格，同时也是一种永不衰竭的力量，正是由于这种力量的存在，最终使印度人民摆脱了英国殖民者的统治，成为了一个自由民主的国家，并不断走向繁荣和富强。在日常生活中，虽然并不是所有的和平主义者都拥有这种高尚的人格，但他们性格中的很多因素，同样闪烁着耀眼的光辉。

在与和平主义者的交流过程中，我们难免会被他们安静的气息所倾倒，他们谈话的内容，谈话的神情，谈话的动作，甚至包括他们的声音和语调，都会给人一种沉静和悠远的感觉。因此美国人格心理学家米歇尔表示，与和平主义者进行交流，可以得到心灵上的慰藉。他们心如止水，好像任何事情都无法引起他们的情绪波动，而这种气质又总是极具传染力，和平主义者很容易将这种深入灵魂的安静传递给身边的人。倾诉者的慌乱与不安、提防与警觉，都会瞬间消融在这种温情之中，因此，和平主义者通常都是很好的倾听者。

小贴士

为了帮助别人，和平主义往往会忽视自己的利益，在他们看来，和谐是最美好的愿景，而促使和谐是他们最大的责任。于是，“忍一时风平浪静，退一步海阔天空”往往会成为他们的座右铭。

3
和平共存体现和平主义者无私的一面

和平主义者的主观意识通常不强，他们的需求和愿望总是被自己忽略，而将注意力全部放在别人身上。如果别人的需求和自身利益发生冲突，和平主义者也总是采取损害自己利益的做法，因为在他们看来，这样做所产生的意义远比维护自己的利益重要。和利他主义者相比，和平主义者的做法常常是在无意识状态下完成的，因此，他们比利他主义者更容易达成行动。他们的豁达和无私更加可贵，也更容易引起人们的共鸣。

乔本特是一名来自英国的牧师，他笃信上帝，宣扬世人平等、天下为公，不仅在欧美，即使是在亚非国家也有很高的知名度，并被英国政府视为“国宝”。1997年夏，乔本特带领一支人道主义救援队到海外作业，经过索马里海域时，由于风浪过急，乔本特所在船只不幸和船队走散。在当时，索马里已经陷入混战，武装分子经常四处出没，威胁航道安全。途经该国海域的船队必须结队通过，非常时期甚至需要动用军舰护航，所以乔本特一行人走散后是非常危险的。第二天，当乔本特一行人不得不靠岸补充食物及淡水时，他们看到一队武装分子正站在岸上朝天开枪，列队“欢迎”他们。此时，船长想要调头逃走已经来不及了，武装分子的数艘快艇拦住了他们的去路，在枪口的逼迫下，乔本特等人只得乖乖就范。

通常情况下，这些武装分子劫船后有三种做法，一种是劫财，在登船抢掠后他们会迅速离去。如果不遇到激烈抵抗，基本不会伤人。第二种就是劫船，抱此目的的武装分子登船后二话不说，直接枪杀所有船员，然后抛尸大海，驾船离去；最后一种就是劫人，这种做法比较复杂，因为除了控制和安置人质外，他们还要和人质国家取得联系，然后才能索要赎金。所谓风险与利益同在，这样的做法虽然冒险而复杂，但得到的收益也更大。所以，对于那些看上去比较豪华的船只，这里的武装分子还是愿意采用劫人的方法。很显然，乔本特一行人被当成了人质。

乔本特知道，武装分子一定是被豪华的游艇吸引住了，但事实上这艘游艇是募捐而来的，等到他们将一切调查清楚，肯定不会再对赎金抱有任何希望了，因为没人会在乎一群贫穷的和平主义者，而那个时候，也将是乔本特一行人集体丧命的时候。没有经过任何考虑，乔本特叫来看守，要求见他们的长官，因为乔本特送出了自己的一块怀表，看守很快便找来了一名军官。幸好，这名军官能够听懂英语，乔本特对他说："如果你同意把所有人都放了，我可以一个人留下给你们做人质，作为回报，我会给你们一份大礼，那将是一笔难以想象的财富。"经过商议后，武装分子同意了乔本特的请求，他们都想知道这个看上去弱不禁风的老头能给他们什么惊喜。但是作为条件，乔本特必须在人质释放后2小时内交出满意的答复，因为如果乔本特耍花样，武装分子还有能力追回人质。乔本特知道一旦自己说出真相武装分子就没有必要去追人质了，于是点头表示同意。很快，人质被释放，只有乔本特一人留了下来。

两个小时后，乔本特缓缓给出了自己的答案，他说："我叫乔本特。"

等了半天居然只是一个名字，武装分子被激怒了，他们认为自己被耍，有人要求去追人质，有人想要上前毒打乔本特，只有那位军官保持了平静。他仔细看了看乔本特，露出了满意的笑容，然后对众人说："他说的没错，这确实是一份惊喜，是一笔难以想象的财富。”原来，由于名气太大，乔本特经常需要隐姓埋名，尤其是到一些动乱地区，如果他打着公开旗号，估计会成为众人抢夺的目标。这其中的道理很简单，抓住乔本特，可以让英国政府花重金来赎。因此，武装分子派人知会了途经的英国船只，并刻意选择了媒体船只，约定了支付赎金的日期，很快，消息传遍全球。与此同时，乔本特的同事也赶回英国国内，证实了武装分子的说法。

乔本特被带回了武装分子的部落，由于在非洲世界声望很高，他受到了比较人道的对待，除了得到比较舒适的居住环境和可口的食物外，乔本特还被允许在有人跟随的情况下在一定范围内自由活动。但也正是因为如此，彻底改变了乔本特的原定计划。在武装分子的部落里，乔本特看到的不仅是他所熟知的贫困和疾病，还有人与人之间的温情以及孩子们一双双清澈见底的眼睛。很快，当地人发现这个人质与以往的有些不同，他不但不害怕，不抱怨，反而为他们看病，为他们讲授一些科技知识，还会和他们的孩子一起玩耍并教他们学习英文。不久之后，乔本特主动找到武装分子总部，即将军府，然而令将军感到惊奇的是，乔本特对自己遭绑架的事只字未提，而是要求他们派人去自己的船上搬来药品和医疗器械。

很快，一个现代化的诊所在当地初具规模，很多长期受到疾病困扰的人重新获得了健康，加上乔本特对食物卫生以及疾病预防等常识的传授，当地人的健康水平有了前所未有的好转。为此，很多人为乔本特送来了食物和日用品，并亲切地称呼他为欧拉（“真主的使者”，音译，索马里语），这些人似乎已经忘记，乔本特是他们部族武装力量劫来用于换取赎金的人质。对此，武装分子的首领也感到不可思议，在他的眼中，那些可恶的白人都是贪婪而自私的，他们为了满足自己的私欲，可以完全无视别人的利益，是一群彻头彻尾的、披着文明皮囊的野蛮人。虽然眼前的乔本特也是白人，但是他并不贪婪，也不自私，甚至具有一些他们认为白人不可能具有的优点。所以，当英国政府如数交付的赎金送到他手上后，将军先生有些手软，而且最重要的是，他不想让乔本特走，不是想毁约，而是舍不得。据乔本特后来的回忆录记载，有当地人和他提起，将军先生曾经提出过奉还赎金，甚至支付费用请求英国当局允许乔本特留下来，但事关国际影响，这个请求并没有得到同意。

故事到这里应该结束了，但接下来发生的事情才是真正体现和平主义精神和乔本特先生人格魅力的地方。赎金交付后，乔本特被带到了将军府，将军告诉他赎金已经到手，言下之意是乔本特可以离开了。但是，在所有人包括英国特使的注视下，乔本特只是轻轻地“哦”了一声，然后对众人说：“我哪都不去，我要留下，这里需要我。”说完，乔本特转身离开。英国特使随即追了出来，他是乔本特的朋友，急忙问乔本特发生了什么事。乔本特停下脚步，意味深长地对这位朋友说：“我的责任就是拯救那些痛苦中的人，既然是救，在哪里都一样，而且正如我刚才所说，这里的人更需要我。”

乔本特就这样留了下来，深受感动的将军用当地部族最高礼节接待了英国特使，他亲自找到乔本特，除了表达谢意之外，他还决定将赎金奉还英国政府。乔本特没有同意，在当地生活的短短月余时间，他已经大体了解到这位将军对于他的部族来讲是个值得尊重的人，这也是乔本特决定留下来的原因之一。他对将军说：“我需要大量的药物和器械，以帮助被你搞得痛苦不堪的族人，到时候我的助手会告诉你这笔钱该怎么用。”

将军觉得有些过意不去，但他显然对另一个话题更感兴趣，他对乔本特说：“我可爱的牧师先生，你应该相信我抢劫的本领，药物和器械是海上最常见的东西。这笔钱既然你决定留下，我会照办，但还是让它去完成更有意义的事情吧。”

乔本特看着眼前的大块头，坚定地对他说：“不，我要做的和我正在做的事情，就是世界上最有意义的事。”

此后，由于乔本特的尽力周旋，几批被劫人质得到安全解救，而乔本特的和平主义精神也在不断感染着当地部族。终于，他所在部落掌控的海岸线，成了索马里海域最安全的航道。过往船只甚至逐渐开始在这里停靠休息和补充物资，并最终在这里形成了一个小型港湾，从而使这个落后的部族和文明世界建立了联系。这就是乔本特的和平主义精神所创造的传奇故事。

心理学家米歇尔表示，当和平主义精神上升到一定高度后，可以深入人心，并激发人性中最为美好的一面。这种精神看似柔弱可欺，实际上却是世间最为强大的力量，它的每一个践行者都无比虔诚，他们遇强则强，遇弱则弱，时刻以普世和关怀的心态去面对一切。**只有和平共存的意识传遍世界，才可以让世人永享安宁，让全世界消除贫穷、落后、疾病、战争以及一切威胁人类生存的因素，让和平之花开遍世界的每一个角落。**

4 和平主义者内心深处隐藏的不为人知的性格特点

在我们的日常生活中，和平主义者往往会给人以“老好人”的感觉，似乎他们永远都不会发怒，只是平和、憨厚地对着你笑，我们也总是因此而愿意对他们敞开心扉，进行坦诚地交流。而实际上，和平主义者并不是在任何情况下都可以保持平和心绪的，他们之所以在大多数情况下都很温和，是因为他们将底线放得很低，但放得很低并不代表没有底线，一旦底线被触碰，和平主义者同样会表达出“属于他们”的愤怒。

因为拙于思考又关注较多，在面对一些计划性或前瞻性比较强的工作时，和平主义者往往会显现出能力的匮乏，尽管他们从来不会因此而消极懈怠，属于他们的工作他们也一样会认真对待。但性格使然，和平主义者对事情的分析，尤其是在紧急状态下的判断能力是非常不足的，这些都会导致他们最终难以圆满完成任务。在这种情况下，和平主义者的心绪就会变得烦躁不安，生活中的一点小事也会引发他们的不满，而平时那些他们一再忍让的人和事，可能会在这时集中爆发。另外，和平主义者情绪爆发的方式也很特别，具体表现为——沉默，可能有很多人无法理解，因为沉默和爆发之间的确难以产生联系。但如果有人认为沉默是和平主义者最终的爆发方式，那他就大错特错了，因为沉默往往是和平主义者情绪爆发的酝酿阶段，一旦真正爆发，和平主义者的愤怒绝对可以颠覆他们以往的温和形象。

和失去理智的愤怒不同，和平主义者也有情绪可控范围内的愤怒。确切地说，这是一种据理力争和毫不妥协，但对于性格温和的和平主义者来说，确实可以算得上是一种愤怒了。在现实生活中，和平主义者的信念一旦形成，便不容置疑，这一点很容易理解，因为任何一个人的信仰如果遭到质疑，都将产生极大的反感，甚至几近愤怒，在这一点上，和平主义者也不例外。和平主义者之所以可以得到身心的宁静，最根本的原因就是出于对和平主义的信仰，别人可以不接受他们的观念，但一定会“遭到”他们的努力改变。和平主义者对别人具有天生的说教和改造欲望，为此，他们甚至可以牺牲自己的利益，以求达到环境的和谐与心灵的慰藉。然而，任何一种典型的性格行为者，都对自己的信仰坚定不移，从某种程度上来说，他们都存在着改变别人观念的欲望。

净空法师是一位德高望重的僧人，他一生潜心研究佛学，并热衷于弘扬和传播自己的研究成果，希望为世人带来福音。老法师温和恭谦，佛学精深，声名远播，受到海内外多家道场的盛情邀约，他诲人不倦，有请必赴，有约必往，因此也留下了很多广为流传的佳话。其中，老法师有一些鲜见的发怒记录引起了心理学家们的注意。1997年香港回归祖国后，净空法师和香港同学（佛家用语）交往加深。一次讲学结束后，一位香港同学和净空法师闲聊，他说：“很多内地僧人到香港后都加入了香港地区的佛学派系，是不是你们大陆的佛学没落了？”净空法师虽然笑容不减，但话语中已经露出了与出家人身份不符的词语，他说：“不然，从内地跑来香港的僧侣，都是一些不入流的角色，这些垃圾（老法师读的是‘le se’音）只有你们香港这里会收，我感谢你们呀。”还有一次，净空法师应邀到美国纽约讲学，在讲学之后的闲聊中，西方传统宗教的一位领袖对净空法师说：“我听说你们的教义不崇尚竞争，那么请问一下，如果没有竞争，社会的发展要靠什么来推动呢？”

中西文化原本就存在一定差异，净空法师此行的目的也明确地定为“求同存异”，但这位所谓的领袖却始终将目光放在双方思想的差异上，这让净空法师很是反感。作为中国三大传统思想的释家文化，更是在此时与西方文化形成了质和质的碰撞。随行僧人在记载中提到，净空法师少有地收起了笑容，一字一顿地说：“竞争是战争的雏形，因此，它可以产生文明，同样也可以毁灭文明。所以，并不见得是社会发展最好的推动力。”

这位西方宗教领袖仍不死心，他接着对净空法师说：“那么，您觉得什么样的思想才可以促使文明产生呢？”

净空法师知道对方是挑衅的心态，但他还是不失礼貌地说出了自己的见解，他说：“天人合一。”

这位领袖当然不能理解净空法师的话，但净空法师不愿对牛弹琴，此时已经飘然而去，只留下一句无奈的话语久久回荡：“道不同，不相为谋。”

在后来整理出版的净空法师讲学录中，老法师曾用批示的形式针对此事道出了自己的心声，他写道：“知我者谓我心忧，不知我者谓我何求，善哉。”

大多数人都认为，和平主义者没有什么需求可言，他们整日笑脸迎人，最大的兴趣就是帮助别人，作为他们的朋友或者亲人，有什么需要只要尽情向他们索求就可以了。但实际上，和平主义者并非一无所求，只不过他们的索求通常比较高远。在普通人看来，这种索求也许会显得不切实际，但即使是宪法也有规定，每个人都享有信仰的自由权，更何况，和平主义者的信仰又是无害的，甚至是为大众谋福利的。从另一方面来讲，每个人的信仰无论是什么，其追求不过是心灵的宁静和感觉的超然，在这一层面上，和平主义者取得的成功往往都是其他信仰者所无法企及的。

此外，和平主义者的内心世界中也存在一定的感性色彩，因此，当一些明显有悖于信仰或者与信仰相符的事情发生时，他们也会不假思索地做出反应。在这种情况下，他们总是会将心底最真实的情感表达出来，并最大限度地引起人们的共鸣。让多数人想不到的是，和平主义者不但对整体和谐的追求孜孜不倦，内在世界的和谐更是他们捍卫的核心。著名心理学家吉尔福特调查发现，和平主义者对自然山水的喜爱几乎与生俱来，而自然界中的高山流水、花草林木，无一不是宁静祥和的存在，和平主义者的内心世界与此情此景极为契合。于是，任何可能导致和谐被破坏的因素，都会遭到和平主义者的强烈排斥，要知道，他们妥协退让，甚至不惜损害自己的利益，所求不过是一份和谐，一旦这份和谐受到威胁，和平主义者是不惜奋起一搏的。

与此同时，和平主义者的大局观也蕴藏着另一个不为人知的性格特点，即在他们的内心深处，实际上也存在一定的控制欲。他们希望对每个人进行了解，对每件事进行了解，进而对大局形成掌控，这就是和平主义者的隐秘心声。和平主义者之所以在面对决断的时候犹豫不决，恰恰是因为他们对情况过于了解，如此一来必然会瞻前顾后。因此，他们最终的抉择，很可能是因为受到别人帮助，或者干脆盲从于别人的选择。

小贴士

心理学家吉尔福特提示人们，和平主义者在受制于人或被迫做出决断的时候，都会产生烦躁不安的情绪，如果情况恶化，必然引起他们的勃然大怒。

5 随遇而安是和平主义者适应能力的最高境界

和平主义者在生活中总会有意或无意地信奉这样一个原则：可以坐着，就绝不站着；可以躺着，就绝不坐着。虽然这只是生活中的一个小习惯，但和平主义者的性格特点也可以从中看出一二。著名心理学家斯坎特表示，和平主义者具有很强的适应能力，他们总是能在进入一个新的领域和环境后，迅速找到适合自己的位置，然后像“冰入水中”那样和环境融合在一起，并逐渐消融成水，完全和环境融合，达到与外部环境和内心世界的和谐。但也正是因为他们习惯于和谐的存在状态，因此和平主义者的适应能力，实际上总是被动消极的，即总是用自降身价或妥协退让等损害自己利益的方法来寻求和谐。从严格意义上来讲，这是一种低端的适应能力。

所谓低端的适应能力，实际上是一种自我内心感觉的和谐。在他们的世界里，一旦习惯了某种事物，便不会再寻求改变，因为改变就意味着风险。而墨守成规，虽然会出现这样或那样的问题，但生活总归可以继续，至少也能保住眼前的利益，至于将来的事，只要没有到火烧眉毛的境地，还是可以接受的。所以，和平主义者最不喜欢做的事情就是冒险，如果不是外在因素将他们强行置于需要改变的环境中，和平主义者恐怕会永远沉浸在自己编织的和谐世界里。在日常生活中，我们也可以看到和平主义者并不喜欢运动，或者只是进行一些比较舒缓和安静的运动，如太极、瑜伽等。而对于一些比较激烈的运动，如蹦极、跳伞等，和平主义者是很少考虑的。

在实际生活和工作中，和平主义者的改变往往都是被动的，但由于环境的不同，他们被改变的心态以及行为也有所不同。比如那些被他们认可的改变，虽然也会经历一个艰难的阶段，但总体而言，和平主义者还是会积极配合的。心理学家斯坎特表示，和平主义者最害怕的事情就是内心的平静被打破。因此，虽然害怕改变，但他们总是会努力适应已经形成的事实。

西雅图是美国太平洋西北区最大的城市，同时也是科技、文化和商业中心，可谓十分繁华。进入新世纪，随着市民数量的增加和道路建设的滞后，堵车现象越来越严重，这让生活在这座城市里的上班族非常苦恼。肖恩便是这些人中的一个，关于堵车的问题，很多同事曾经建议他绕道而行，因为他每天上班所经过的主干道是交通枢纽，如果绕行其他辅路，堵车的情况要好很多。但肖恩先生已经习惯了每天的行车路线，虽然他也知道绕行可以节省时间，但一直没有付诸行动。

一天，由于车子突然出现故障，肖恩先生只好到街口打了一辆出租车。这位司机并没有沿着肖恩每天上班的路线行驶，虽然路程要远一些，但却节省了不少时间。这让肖恩感到很高兴，于是他将行车路线记了下来。在那之后他便每天绕行，顺畅的行程不仅让他节省了时间，也使他每天的心情无比愉悦。而在绕行的路上，肖恩先生还发现了一家咖啡店，经过测算，他以前每天花在路上的时间，刚好可以用来享用一杯香浓可口的咖啡。这让他对那次车子出现的故障感激不已，原来，换一条路，心情可以更好的。

不过很快，主干道修起了高架桥，配套的辅路、地下通道以及过街天桥一应俱全，主干道的车流变得畅通了。而此时，如果没遇到紧急状况，肖恩仍旧每天选择绕行，在享用美味咖啡的同时，他总是会望着窗外的风景暗自感叹。对于和谐理念的信仰，使他享受了大半生的平静与美好，但这样一成不变的观念，可能也让他错过了很多幸福吧。

顺境中的改变是和平主义者津津乐道的，也是让他们受益匪浅的；而逆境中的改变则往往使他们痛苦不堪。和平主义者愿意奉献、愿意付出，但这必须保持在和谐的氛围内，尤其是他们内心世界的小和谐。而这种和谐一旦被打破，和平主义者即使勉强接受，也会消极应对，从而致使效率低下，甚至做无用功。

由于和平主义者对未来的计划缺乏认知，所以，刚刚进入职场的和平主义者往往都会扮演“拖后腿”的角色。

新年伊始，刚参加工作不久的戴维就沉浸在这种困扰中。他每天要传递大量的文件，虽然每刻都在忙前忙后，跑上跑下，但是公司与外部进行的业务往来还是会让他每天忙到很晚。这让习惯了大学自由散漫生活的戴维感到很苦恼，但由于平和的性格特质使然，他还是让工作有条不紊地进行，这就使他每天加班到很晚，而且工作还是处于拖沓状态。经常是昨天的事情今天做，今天的事情明天做。对于老板的训斥和同事的劝说，戴维总是唯唯诺诺，承诺自己一定会改，并争取进步，但时间一天天过去了，戴维却仍旧是老样子。终于，一件意想不到的事情发生了。

由于一时不慎，戴维的老板将一份公司的绝密文件放错了地方，他意识到这份绝密文件可能会作为普通文件发给客户，因为文件已经交给戴维整整三天了。按照习惯，这份文件此时应该已经到了客户手上，如果是这样，不仅公司利益受损，接下来半年的工作计划都将受到影响，干系甚大。但是想到戴维的工作效率，老板还是抱有一丝希望，于是，他匆忙赶到戴维的办公区，气喘吁吁地问戴维那份文件的情况。戴维以为自己闯祸了，当他看到那份三天前就应该寄出去的文件仍安静地躺在自己桌上时，戴维被老板的举动吓傻了。他浑身颤抖不止，畏畏缩缩地说：“对不起，老板，我现在马上去寄。”

终于安下心的老板拦住了戴维，从他手上拿过文件后便回了办公室，这位老板一直对戴维没什么好感，甚至曾责备他是个该死的胖子。这也是可以理解的事情，毕竟戴维的工作业绩确实很差，但是此时，这位老板却觉得戴维是世界上最可爱的人，他通知全公司对戴维进行了嘉奖，理由居然是人品好。这也难怪，自从进入公司后，戴维给公司带来了空前和谐的气氛，大家都很喜欢与他交往，而他也总是不遗余力地帮助别人。

虽然这是个比较特殊的案例，但却正好说明了和平主义者性格的缺陷和可贵。公司是一个集体，工作是一个集体的行为，一个人的拖沓，很可能会使整个集体的工作效率下降。因此，和平主义者在工作上的表现往往差强人意，他们得过且过，不仅效率低下，质量也往往存在问题。而最主要的是，他们的习惯一旦形成，就很难改变，错误和问题也会接连发生，尽管他们认错的态度很好，但效果却并不明显。

因此，**如果和平主义者想在职场上取得理想成绩，就要正视自己的性格缺陷，努力提高自己的适应能力。学会真正的改变，才是根本之道。**

6
难以想象的不同——和平主义者的特质

时至今日，和平主义者的性格仍然存在诸多研究争议，但不可否认的一点是，他们都是生活中的智者。就生活状态和心态而言，和平主义者永远是值得尊重和学习的，其中最值得关注的一点，就是和平主义者的喜恶。和平主义者没有什么固定的喜恶，他们对待大多数事物往往都是浅尝辄止。然而，在无欲无求的表面之下，和平主义者独有的一些兴趣爱好，更能引起人们的关注。心理学家马斯洛通过研究发现，和平主义者通常生于比较富裕的家庭，他们的早年生活也多为无忧无虑。而最重要的一点是，和平主义者大多和父母的关系极为亲密，他们性格中的主要特质，也大多来自父母的遗传。

科学研究已经证明，父母是孩子的第一任老师，他们对孩子的思想启蒙具有关键作用，而心理学家卡特尔经过研究进一步指出，具有和平主义精神的父母对孩子的影响最为深远。所以，和平主义者的一个重要特质就是遵守孝道，他们可能并未接受过良好的传统教育，也可能和父母之间存在观念上的差别，但他们在面对父母的时候，一定是非常温顺可爱。也许有人会说，和平主义者无论对待谁都是一副温和、憨厚的样子，但这其中有着程度上的不同。如果父母对和平主义者提出要求，他们的妥协和退让会更加没有原则和底线。在和平主义者看来，人生最大的和谐就是家庭的和谐，这是除了他们的内心世界之外唯一可以凭借自身力量进行维护的。因此，和平主义者会格外珍惜和父母之间的感情，而实际上，不仅是父母，在面对伴侣和儿女的时候，和平主义者也总是努力去满足对方的需求，尽力营造和谐氛围。

显而易见，绝对的和谐是不可能存在的，尤其是大环境下的和谐，而这却是和平主义者追求的目标。所以，从某种程度上来讲，和平主义者也存在着一定的理想主义情节，他们很少顾及眼前的实际情况，总是过于强调和看重自己的能力，相信“只要怎么样就一定怎么样”的思维模式。但和理想主义者积极进取不同的是，和平主义者相信，只要妥协退让，只要无私奉献和付出，就一定可以赢得别人的认可，就一定可以营造出和谐的氛围。心理学家卡特尔研究发现，和平主义者最适合的工作就是神职人员、心理医生和教师，因为这类工作需要耐心、坚定的信念和一定的亲和力。

如果一定要找出和平主义者的性格缺陷，那么缺少激情显然是最重要的一点。在和平主义者看来，充满激情地去做一件事，基本属于激进和激烈的范畴，以他们的性格习惯，当然不能接受这样的行为。于是，我们经常可以听到他们说“没关系”“无所谓”“不要紧”等不够仔细认真的话，实际上，这也正是和平主义者面对一切的态度。他们有很强的自我心绪调节能力，即使遇到不平之事，也会一笑置之，转而去平复自己的心绪，并认为这是一种修行，一种自我思想境界的提高。和平主义者常说：“命里有时终须有，命里无时莫强求。”在他们看来，世上的一切，冥冥之中已有定数，努力追寻不过是自寻烦恼，生活在这个世界上的人各安天命即可。所以，很多和平主义者都难免沦为宿命论者，他们听天由命、不思进取，甚至发展到任人宰割的地步。

在西方宗教典籍中，有这样一则发人深省的寓言故事：希图是一名虔诚的基督教徒，他笃信上帝的存在和上帝意识的价值，认为唯有上帝可以拯救世人，也唯有上帝才可以保障天下为公、世界平等、人人自由。现实生活中，希图乐善好施，为人讲学、给人治病从来分文不取，他很受人们的尊重。一年夏天，暴雨骤降，希图生活的地方被洪水淹没。为了逃命，人们纷纷驾船离开，一个曾经被希图帮助过的年轻人还特意驾船去救他，但希图却坚持不走，他相信无需世人来救，上帝自会保护他的安全。天亮后，洪水彻底淹没了房屋，希图不得不爬上屋顶，当驾船过往的陌生人愿意让希图搭船离开时，他谢绝了，此时的希图依然坚信上帝会来救他。然而，洪水一直在猛涨，很快就淹没到希图的脖领了，为了活命，希图只好泅水到一棵大树上，但由于洪水太猛，这棵大树已经摇摇欲坠，随时都有可能被冲走。就在这时，一根足以承载希图体重的浮木漂到了他的脚下，望着这根浮木，希图知道这是最后逃命的机会了，但他觉得上帝是在考验他的忠诚，于是愤然踢开了浮木，任其顺流而下。

最终，大树倒了，希图淹死了。愤怒不已的希图终于在天国见到了上帝。他再也没有平日里的好脾气，一见到上帝就厉声质问："我那么信任你，为什么你却不来救我？"

上帝才是真正的和平主义者，面对希图的质问，他始终保持着温和的神情，等到希图的情绪终于缓和下来，才解释道："我可怜的孩子，你怎么能够说我没有救你呢？我知道你自己不肯逃走，所以先派人特意去你家救你，你拒绝了；随后我又派了一群陌生人去救你，你又拒绝了；最终，我只能派去一根木头，希望你可以借助它逃生，可你还是拒绝了。你应该知道，虽然上帝的职责是救助世人，但首先也要世人学会自救，上帝只救那些懂得自救的人。"

的确，上帝只救那些懂得自救的人，哪怕是与上帝意识同在的和平主义者也不例外。比如同样是奉行和平主义的美国总统，威尔逊被美国人民讥讽为"可爱的傻瓜"，而里根则被认为是美国历史上最伟大的总统之一。

除了在对待自己的问题的时候容易走入误区，和平主义者在对待别人的时候同样可能出现差错。和平主义者做事习惯拖沓，总是不能按规定时间完成任务，因此，在进行集体活动时，他们总是会拖后腿，让原本可以尽早完成的事情向后延时。这和快速、高效的现代社会节奏显然不符，而和平主义者的性格使然，他们又不会轻易改变自己的习惯。所以，在进行一般性工作时，和平主义者的性格缺陷往往会成为“老大难”问题。

此外，和平主义者的另一个特点是不善于拒绝人。当别人提出一些明显超出他们能力范围的请求时，和平主义者同样会在犹豫不决中答应下来，而他们对待这类请求唯一的方法仍然是拖延时间。如此一来，可能是非常信任他们的朋友或亲人，也会认为是他们的态度有问题，是不愿意帮助自己才故意拖延时间的，这就造成了和平主义者友情或亲情的流失。

再者，和平主义者往往非常乐观，只是这种乐观通常并没有什么可靠的依据，而只是泛泛地出于他们对信仰的执著。在他们看来，事情做错了可以慢慢改，做不好可以慢慢学，只要时间允许，事情总是可以好转的。这样一来，就苦了那些信任和追随他们的人，毕竟并不是每个人都可以无欲无求，或者数十年如一日地去做同一份工作。所以，最终能够与和平主义者成为朋友的人，通常也是和平主义者，大家信仰一致，追求相同，更能够透过彼此来坚定自己的信仰和追求。

美国人格心理学家奥尔波特提示人们，人类性格复杂多变，尤其是不同性格的人聚集在一起时，所产生的情绪变数更加难以捉摸。因此，心理学研究切忌照搬套用，必须根据实际情况具体分析，这对和谐型人格的人来说也一样。

小贴士

任何一个人的身上都绝非仅存一种性格，但通常会有某种典型性格在行为人身上集中表现。也就是说，所有类型的人格心理研究，都是基于典型情况下进行的，而在现实生活中，人们的性格却总是集多种于一身，甚至在一个人的身上也会形成两种性格的交融和相互作用。这就要求行为人提高警惕，不断加强相关知识的学习，然后根据自己的实际验证，得出适合自己成长和学习的方法，最终使心理学研究成为我们生活和工作中的好帮手。

参考文献

〔1〕刘振中.生活与工作中的九型人格［M］.华中科技大学出版社，2010.

〔2〕中原.九型人格读人术［M］.北京:中华工商联合出版社有限责任公司，2010.

〔3〕［美］帕尔默.九型人格［M］.徐扬，译.北京:华夏出版社，2006.

〔4〕［法］达涅卢，萨尔蒙.九型人格［M］.张粲，袁才蔚，译.北京:化学工业出版社，2009.

〔5〕［美］唐·理查德·里索，拉斯·赫德森.九型人格:了解自我、洞悉他人的秘诀［M］.徐晶，译.海南:南海出版社，2010.

〔6〕［美］丹尼尔斯，普赖斯.九型人格:自我发现与提升手册［M］.程艮，译.北京:中信出版社，2010.

〔7〕张玉辉.九型人格［M］.北京:新世界出版社，2010.

〔8〕陈建伟.书立方3–九型人格：找到最真实的自己［M］.重庆:重庆出版社，2011.

〔9〕曾仕娟.九型人格：自我发现与提升手册［M］.西安:陕西师范大学出版社，2011.

〔10〕廖春红.九型人格［M］.北京:中国华侨出版社，2011.

〔11〕王沥川.九型人格：发现最好的自己［M］.北京:人民邮电出版社，2011.

〔12〕贾悦，等.人人都要懂的九种个性［M］.北京:机械工业出版社，2012.

〔13〕汤凯维.九型人格的相生相克［M］.北京:电子工业出版社，2012.

〔14〕方光华.九型人格与领导力［M］.北京:中国物资出版社，2011.

〔15〕赵财.一本书读透九型人格［M］.成都:石油工业出版社，2011.

〔16〕天祺.解密九型人格［M］.北京:朝华出版社，2011.

〔17〕胡挹芬.九型人格心灵密码学——让女人心想事成的性格能量书［M］.北京:团结出版社，2010.

〔18〕［美］伯特达.九型人格与领导力［M］.于红梅，译.北京:中信出版社，2010.

〔19〕黄俊华.九型人格——成就自我与他人的窍门［M］.厦门:鹭江出版社，2008.

〔20〕吴菲.图解九型人格［M］.北京:化学工业出版社，2010.

〔21〕林炜舜.影响你一生的九型人格:揭开行为背后的性格真相［M］.南宁:广西人民出版社，2010.

〔22〕［美］唐·理查德·里索，拉斯·赫德森.九型人格2：发现你的人格类型［M］.余燕，译.海南:南海出版社，2010.

〔23〕李国辉.九型人格说话术——看说话高手如何说［M］.北京:人民邮电出版社，2012.

〔24〕李问渠编.九型人格的自我说明书［M］.武汉:武汉出版社，2010.

〔25〕徐耀武.读心术［M］.北京:机械工业出版社，2010.

〔26〕方刚.读心术［M］.合肥:安徽教育出版社，2011.

〔27〕张铁成.世界上最神奇的读心术［M］.北京:新世界出版社，2011.

〔28〕［英］博格著.身体语言：教你超强读心术［M］.林伊玫，译.重庆:重庆出版社，2010.

〔29〕郭文华.一辈子都会用到的读心术［M］.上海:立信会计出版社，2011.

〔30〕许韵飞.读心术大全集［M］.北京:中国商业出版社，2011.